高效饲养新技术彩色图说系列

Gaoxiao siyang xinjishu caise tushuo xilie

图说如何安全高效饲养肉鸡

李根银　主编

中国农业出版社

本书有关用药的声明

兽医科学是一门不断发展的学问。用药安全注意事项必须遵守，但随着最新研究及临床经验的发展，知识也不断更新，治疗方法及用药也必须或有必要做相应的调整。建议读者在使用每一种药物之前，参阅厂家提供的产品说明以确认推荐的药物用量、用药方法、用药的时间及禁忌等。医生有责任根据经验和对患病动物的了解决定用药量及选择最佳治疗方案。出版社和作者对任何在治疗中所发生的，对患病动物和/或财产所造成的损害不承担任何责任。

中国农业出版社

序

当前，制约我国现代畜牧业发展的瓶颈很多，尤其是2013年10月国务院发布《畜禽规模养殖污染防治条例》后，新常态下我国畜牧业发展的外部环境和内在因素都发生了深刻变化，正从规模速度型增长转向提质增效型集约增长，要准确把握畜牧业技术未来发展趋势，实现在新常态下畜牧业的稳定持续发展，就必须有科学知识的引领和指导，必须有具体技术的支撑和促动。

为更好地为发展适度规模的养殖业提供技术需要，应对养殖场（户）在饲养方式、品种结构、饲料原料上的多元需求，并尽快理解和掌握相关技术，我们组织兼具学术水平、实践能力和写作能力的有关技术人员共同编写了《高效饲养新技术彩色图说系列》丛书。这套丛书针对中小规模养殖场（户），每种书都以图片加文字流程表达的方式，具体介绍了在生产实际中成熟、实用的养殖技术，全面介绍各种动物在养殖过程中的饲养管理技术、饲草料配制技术、疫病防治技术、养殖场建设技术、产品加工技术、标准的制定及规范等内容。以期达到用简明通俗的形式，推广科学、高效和标准化养殖方式的目的，使规模养殖场（户）饲养人员对所介绍的技术看得懂、能复制、可推广。

《高效饲养新技术彩色图说系列》丛书既适用于中小规模养殖场（户）饲养人员使用，也可作为畜牧业从业人员上岗培训、转岗培训和农村劳动力转移就业培训的基本教材。希望这套丛书的出版，能对全国流转农村土地经营权、规范养殖业经营生产、提高畜牧业发展整体水平起到积极的作用。

丛书编委会

前 言

QIANYAN

TUSHU RUHE ANQUAN GAOXIAO SIYANG ROUJI

改革开放以来，我国肉鸡行业持续快速发展，肉鸡产量持续增长，从1995年起我国一直是世界第二大鸡肉生产国，鸡肉在改善我国居民的膳食结构方面发挥了重要作用，肉鸡产业已成为我国畜牧业中规模化、集约化、组织化和市场化程度最高的产业之一。近年来，我国肉鸡产业规模化程度持续提升，不断涌现出一批具有国际先进水平的大规模肉鸡养殖场，但分散在广大农村地区的肉鸡养殖场（户）仍然是肉鸡养殖的重要力量，因此，持续培养和增强广大养殖场（户）饲养技术人员的科学文化素养，努力提高其知识水平、专业技能和整体素质依然是我们目前所面临的一个重要课题。基于这种理念，我们组织具有一定理论基础、又有多年实际生产经验的一线推广专家编写了本书。

本书图文并茂，技术细节的介绍深入浅出、叙述详尽，操作流程以大量直观实用的图片进行说明，从肉鸡主要品种及选择原则、鸡场的规划建设、营养需要与日粮配制、饲养管理技术、卫生防疫与疫病防治、生产经营管理等方面详细阐述了商品肉鸡养殖的主要内容，让人眼见手到，达到"轻松快乐阅读，易记易懂会做"的效果，是肉鸡养殖者一本较好的自学书籍。

编 者

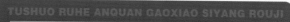

目 录

第一章　肉鸡主要品种及选择原则

一、肉鸡品种

（一）引进的肉鸡品种

引进肉鸡品种为快速生长型品种，俗称快大型肉鸡。特点是早期生长速度快、饲料转化率高，但饲养管理条件要求高。目前，我国主要饲养有以下3个品种。

1.爱拔益加　6周龄体重2.45千克以上，饲料转化率1.73∶1；7周龄体重3.0千克以上，饲料转化率1.86∶1（图1-1）。

2.艾维茵　6周龄体重2.6千克以上，饲料转化率1.76∶1；7周龄体重3.1千克以上，饲料转化率1.90∶1（图1-2）。

图1-1　爱拔益加

图1-2　艾维茵

3.罗斯308 6周龄体重2.6千克以上，饲料转化率1.75∶1；7周龄体重3.2千克以上，饲料转化率1.89∶1（图1-3）。

图1-3 罗斯308

（二）优质肉鸡品种

1.地方品种 我国各地自然形成的品种，俗称土鸡，基本以形成地命名，适应当地自然环境条件，具有肉、蛋品质好，耐粗饲、抗逆行强等特点，但生产性能欠佳。

（1）北京油鸡 主产地为北京市北部。肉蛋兼用型。体躯中等，羽色主要为赤褐色和黄色，具有冠羽和胫羽。20周龄体重公鸡1.5千克，母鸡1.2千克左右。母鸡170日龄开产，年产蛋量120枚，蛋重54克，蛋壳淡褐色。中国农业科学院畜牧研究所和北京市农林科学院建有保种场（图1-4）。

（2）河北柴鸡 主产地河北省北部坝上地区。肉蛋兼用型。体型瘦小，母鸡羽色以麻色、狸色、褐色为主，公鸡为红褐色。成年体重公鸡1.65千克，母鸡1.23千克。母鸡198日龄开产，年产蛋量100～200枚，蛋重43克，蛋壳淡褐色（图1-5）。

图1-4 北京油鸡

图1-5 河北柴鸡

图1-1至图1-5引自陈国宏等主编《中国禽类遗传资源》。

（3）右玉鸡 原产于山西省右玉县及周边地区。肉蛋兼用型。体型大，羽色主要有褐色麻羽、白羽、黑羽等，冠型有单冠、玫瑰冠。成年体重公鸡3.0千克，母鸡2.0千克。母鸡160～180日龄开产，年产蛋量

127枚，蛋重67克，蛋壳褐色。山西省农业科学院畜牧兽医研究所建有保种场，并选育形成了5个不同羽色的品系（图1-6至图1-11）。

图1-6A 右玉黑羽单冠公鸡

图1-6B 右玉黑羽单冠母鸡

图1-7 右玉黑羽复冠母鸡

图1-8A 右玉麻羽单冠公鸡

图1-8B 右玉麻羽单冠母鸡

图1-9 右玉麻羽复冠母鸡

图1-10A 右玉白羽单冠公鸡

图1-10B 右玉白羽单冠母鸡

图1-11 右玉白羽复冠母鸡

（4）大骨鸡 原产于辽宁庄河，又名庄河鸡。蛋肉兼用型。体躯大，腿高粗壮。公鸡羽色棕红色，母鸡多为麻黄色。180日龄体重公鸡2.24千克，母鸡1.78千克。母鸡213日龄开产，年产蛋量160枚，蛋重63克，蛋壳深褐色（图1-12）。

（5）**浦东鸡**　原产于上海市黄浦江以东地区，又名"九斤黄"。大型肉用型。羽色多为黄色。90日龄体重公鸡1.6千克，母鸡1.25千克；成年体重公鸡3.55千克，母鸡2.84千克。母鸡208日龄开产，年产蛋量131枚，蛋重58克，蛋壳浅褐色（图1-13）。

图1-12　大骨鸡

图1-13　浦东鸡

（6）**固始鸡**　原产于河南固始县。蛋肉兼用型。体型中等，公鸡羽色多呈深红色和黄色，少数为黑色或白色；母鸡多为麻黄色，部分为黑色、白色。180日龄体重公鸡1.27千克，母鸡0.967千克；成年体重公鸡2.47千克，母鸡1.78千克。母鸡205日龄开产，年产蛋量141枚，蛋重51克，蛋壳浅褐色。固始县建有保种场，自1998年开始河南省三高集团利用该资源开展系统选育，形成了多个各具特色的品系（图1-14）。

图1-14　固始鸡

（7）**麻城绿壳蛋鸡**　原产于湖北省麻城市。蛋肉兼用型。体型小，公鸡羽色多呈金黄色，母鸡多为麻黄色、黑麻色、黑色。180日龄体重公鸡1.17千克，母鸡0.996千克。母鸡223日龄开产，年产蛋量153枚，蛋重45克，蛋壳绿色（图1-15、图1-16）。

图1-15 麻城绿壳蛋鸡麻黄羽

图1-16 麻城绿壳蛋鸡黑羽

（8）汶上芦花鸡 又名芦花鸡，原产于山东省汶上县。蛋肉兼用型。体型较小，公鸡颈羽和鞍羽多呈红色，母鸡为黑白相间的横斑羽。成年体重公鸡1.4千克，母鸡1.26千克。母鸡165日龄开产，年产蛋量190枚，高的可达250枚，蛋重45克，蛋壳浅褐色（图1-17）。

图1-17 汶上芦花鸡

（9）广西三黄鸡 原产于广西的桂平、平南等沿浔江地区。肉用型。体型较小，公鸡羽色为绛红色，母鸡为黄色。120日龄体重公鸡1.0千克，母鸡0.989千克；成年体重公鸡2.05千克，母鸡1.6千克。母鸡165日龄开产，年产蛋量77枚，蛋重41克，蛋壳浅褐色（图1-18）。

图1-18 广西三黄鸡

（10）文昌鸡 原产于海南省文昌市。肉蛋兼用型。体型中等，羽色有黄色、白色、黑色、芦花等。120日龄体重公鸡1.5千克，母鸡1.3千克；成年体重公鸡1.8千克，母鸡1.5千克。母鸡145日龄开产，年产蛋量100～131枚，蛋重49克，蛋

图1-19 文昌鸡（芦花）

5

壳浅褐色或乳白色。海南省农业科学院畜牧兽医研究所建有保种场。海南省罗牛山文昌鸡育种场已开展大规模选育工作（图1-19至图1-21）。

图1-20 文昌鸡（白羽）

图1-21 文昌鸡（黄羽）

2.培育品种

（1）苏禽黄鸡 由中国农业科学院家禽研究所培育的优质黄鸡配套系，分Ⅰ型（优质型）、Ⅱ型（快速型）、Ⅲ型（快速青脚型）。

Ⅰ型商品鸡56日龄公母鸡平均体重1.039千克，饲料转化率2.41：1（图1-22）。

图1-22 苏禽黄鸡（Ⅰ型）

Ⅱ型商品鸡42日龄公母鸡平均体重1.312千克，饲料转化率1.78：1；56日龄公母鸡平均体重1.707千克，饲料转化率2.31：1（图1-23）。

Ⅲ型商品鸡49日龄公母鸡平均体重1.142千克，饲料转化率2.21：1；56日龄公母鸡平均体重1.332千克，饲料转化率2.43：1（图1-24）。

图1-23 苏禽黄鸡（Ⅱ型）

图1-24 苏禽黄鸡（Ⅲ型）

（2）**江村黄鸡**　由广州市江丰实业有限公司培育的优质鸡配套系，分JH-1号（土鸡型）、JH-1B号（特优质型）、JH-2号（特大型）、JH-3号（中速型）。

JH-1号商品鸡70日龄公鸡体重1.05千克，饲料转化率2.4∶1；80日龄母鸡体重1.1千克，饲料转化率2.7∶1；100日龄母鸡体重1.4千克，饲料转化率3.1∶1（图1-25）。

图1-25　江村黄鸡（JH-1）

JH-1B号商品鸡84日龄公鸡体重1.0千克，饲料转化率2.4∶1；80日龄母鸡体重1.1千克，饲料转化率2.7∶1；120日龄母鸡体重1.1千克，饲料转化率3.4∶1（图1-26）。

图1-26　江村黄鸡（JH-1B号商品代）

JH-2号商品鸡56日龄公鸡体重1.55千克，饲料转化率2.1∶1；63日龄公鸡体重1.85千克，饲料转化率2.2∶1。70日龄母鸡体重1.55千克，饲料转化率2.1∶1；90日龄母鸡体重2.05千克，饲料转化率3.8∶1（图1-27）。

JH-3号商品鸡56日龄公鸡体重1.35千克，饲料转化率2.2∶1；63日龄公鸡体重1.6千克，饲料转化率2.3∶1。70日龄母鸡体重1.35千克，饲料转化率2.5∶1；90日龄母鸡体重1.85千克，饲料转化率3.0∶1（图1-28）。

图1-27　江村黄鸡（JH-2)

图1-28　江村黄鸡（JH-3)

（3）固始鸡配套系　由河南固始三高集团培育的优质鸡配套系，分固始鸡青脚配套系和固始鸡乌骨配套系。

青脚配套系商品鸡60日龄体重公鸡1.15千克、母鸡1.0千克，公母鸡平均饲料转化率2.6∶1；70日龄公鸡体重1.1千克、母鸡1.1千克，公母鸡平均饲料转化率2.7∶1；80日龄体重公鸡1.4千克、母鸡1.25千克，公母鸡平均饲料转化率2.8∶1（图1-29）。

乌骨配套系商品鸡60日龄体重公鸡1.25千克、母鸡1.1千克，公母鸡平均饲料转化率2.6∶1；70日龄体重公鸡1.4千克、母鸡1.25千克，公母鸡平均饲料转化率2.7∶1；80日龄体重公鸡1.6千克、母鸡1.4千克，公母鸡平均饲料转化率2.8∶1（图1-30）。

图1-29　固始鸡配套系（青脚）

图1-30　固始鸡配套系（乌骨）

（4）京星黄鸡　由中国农业科学院畜牧研究所培育的优质黄鸡配套系，分"100"、"101"和"102"三个配套系。

"100"配套系商品鸡60日龄公鸡体重1.5千克，饲料转化率2.1∶1；80日龄母鸡体重1.6千克，饲料转化率2.95∶1（图1-31）。

图1-31　京星黄鸡（100）

"101"配套系商品鸡56日龄公鸡体重1.45千克，饲料转化率

2.45 : 1；70日龄母鸡体重1.5千克，饲料转化率2.75 : 1。

"102"配套系商品鸡50日龄公鸡体重1.5千克，饲料转化率2.03 : 1；63日龄母鸡体重1.68千克，饲料转化率2.38 : 1（图1-32）。

（5）新兴黄麻鸡　由广东温氏食品集团南方家禽育种有限公司培育的优质鸡配套系，分新兴黄鸡特快型和优质型等配套系。

特快型新兴黄鸡商品鸡50日龄公鸡体重1.58千克，饲料转化率1.95 : 1；53日龄母鸡体重1.55千克，饲料转化率2.15 : 1（图1-33）。

优质型新兴黄鸡商品鸡60日龄公鸡体重1.6千克，饲料转化率2.05 : 1；90日龄母鸡体重1.5千克，饲料转化率2.7 : 1（图1-34）。

图1-32　京星黄鸡（102）

图1-33　新兴黄麻鸡（特快型）

（6）银香麻鸡　由广西农业科学院畜牧研究所培育，商品鸡70～80日龄公鸡体重1.5～1.7千克，饲料转化率2.3～2.7 : 1；90～100日龄母鸡体重1.3～1.5千克，饲料转化率3.2～3.4 : 1（图1-35）。

图1-34　新兴黄麻鸡（优质型）

图1-35　银香麻鸡

图1-12至图1-35引自陈国宏等主编《中国禽类遗传资源》

二、选购饲养品种的原则

（一）根据市场需求确定适宜的品种

养殖肉鸡的目标是获取经济效益。品种选择要考虑商品成鸡的消费群体和市场在哪里。要根据消费区的消费习惯、市场的消费需求与规模、产品价格、市场培育潜力等组织生产。如低消费地区应考虑快速肉鸡，安排小批量多批次生产，高消费地区或饮食讲究鲜活的地区则应考虑优质鸡生产。

优良品种是提高肉仔鸡生产效益的根本，所以选择好品种至关重要。所选品种应该是经过国家相关机构认定的品种。要考虑品种的适应性、抗病力，对生产技术和生产设施的要求。谨防引入不法场家提供的生产性能不稳定、达不到生产标准、疫病净化不达标的品种。

（二）从正规的种鸡场引种

无论选购什么类型的鸡种，都必须从有政府主管部门颁发的"种畜禽生产经营许可证"、技术力量强、没有发生严重疫情、信誉度高的种鸡场购买雏鸡。这些种鸡场种鸡来源清楚，饲养管理严格，雏鸡质量和数量、时间安排都有一定的保证。管理混乱、生产水平不高的种鸡场，很难提供高品质的雏鸡，所以应选择好场家，切不可随便引种。

一栋鸡舍或全场的所有雏鸡应来源于同一种鸡场（图1-36）。

图1-36 省种畜禽生产许可证

（三）雏鸡的质量

主要通过观察雏鸡的外表形态，选择健康雏鸡。可采用"一看、二听、三摸"的方法进行选择。一看雏鸡的精神状态，羽毛整洁程度，喙、腿、趾是否端正，眼睛是否明亮，肛门有无白粪，脐孔愈合是否良好。

二听雏鸡的叫声，健康的雏鸡叫声响亮而清脆；弱雏叫声嘶哑、微弱或鸣叫不止。三摸是将雏鸡抓握在手中，触摸其骨架发育情况、腹部大小及松软程度。健康雏鸡较重，手感饱满，有弹性、挣扎有力（图1-37至图1-44）。

图1-37 健康雏鸡

图1-38 健康雏鸡群

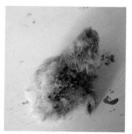

图1-39 弱雏

图1-40 残雏

图1-41 健康雏鸡腹部

图1-42 弱雏腹部

图1-43 抓握雏鸡检查

图1-44 听声检查

第二章　鸡场的规划建设

一、场址的选择与规划布局

（一）场址的选择

要遵循社会公共卫生准则，使鸡场不致成为周围环境的污染源。同时，也要不被周围环境所污染。

应选择地势高燥、背风向阳，夏天利于通风，冬天利于保温，常年便于排放污水、雨水的地方。地形要开阔整齐，从而便于鸡场内各种建筑物的合理布局。一般向阳山坡地和荒地为首选，要避开坡底、风口、沼泽地、地质断层、容易滑坡和塌方的地方（图2-1至图2-3）。

图2-1　鸡舍背风向阳，向阳山坡地和荒地为首选

图2-2　鸡场

图2-3　地形开阔整齐，便于内部建筑物合理布局

　　隔离条件要好，鸡场周围3千米内无大型化工厂、厂矿等污染源，距其他畜禽场至少1 000米以上（图2-4）；距离干线公路、村镇居民点至少1千米以上，不应建在饮用水源、食品厂上游。另外，应远离兽医站、屠宰场、集市等潜在传染源（图2-5）。

图2-4　鸡场周围3千米内无大型化工厂、厂矿的污染源

图2-5　距离村镇居民点至少1 000米以上

　　水电供应充足，交通便利（图2-6）。

　　优质鸡生态养殖（林下、山坡放养）要远离居民区和养殖区，要视杂草、昆虫量的多少，确定放养量，围栏放养不要过度利用（图2-7、图2-8）。

图2-6　电力供应充足

图2-7　林下散养

图2-8　围栏散养

（二）鸡场的区域划分

鸡场生活区、生产区和废弃物处理场（粪场）要隔离。生活区位于鸡场上风向，生产区位于中间，废弃物处理场位于下风向。人员、动物和物品运转应采取单一流向，防止污染和疫病传播（图2-9）。

图2-9 鸡场区域划分

（三）建筑物布局的原则

节省土地、投资少，便于防疫、便于生产、便于生活。

（四）各类建筑物的具体布局

1. 生产管理与生活区 一般商品肉鸡养殖场生活区设置有办公室、职工休息室、食堂、饲料库、药品库、工具杂物存放库等。食堂、办公室、职工休息室安排在生活区的上风向，尽量与生产区保持距离。饲料库、药品库、工具杂物存放库接近生产区（图2-10）。场区门口及场内二门要设消毒池，以便于来往车辆消毒，还须设置专门的人员消毒通道（图2-11至图2-13）。

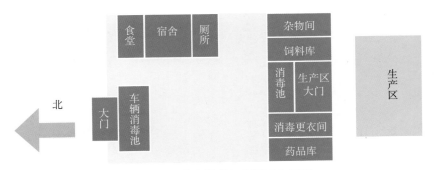

图2-10 生产管理与生活区布局图

图2-11　场区大门口消毒池

图2-12　场内二门及人员消毒通道

图2-13　车辆消毒

2.生产区　鸡舍排列合理与否，关系到场区小气候、鸡舍的光照、通风、饲养管理、防疫管理、道路和管线铺设的长短、场地的利用率等。

（1）朝向　鸡舍的朝向应根据当地的地理位置、气候环境等来确定。适宜的朝向要满足鸡舍日照、温度和通风的要求。鸡舍建筑平面图一般为长矩形。我国鸡舍一般采取东西走向，南北朝向，冬季可利用鸡舍南墙及屋顶最大限度地收集太阳辐射以利于鸡舍防寒保温。有窗式或开放式鸡舍还可以利用进入鸡舍的直射光杀菌。夏季应避免过多地接受太阳辐射热，以免引起舍内温度升高。如果同时考虑当地地形、主风向以及其他条件的变化，南向鸡舍允许做一些朝向上的调整，向东或向西偏转15°配置。从防暑方面考虑，南方地区以向东偏转为好。我国北方地区朝向偏转的自由度可稍大些。

（2）布局　根据地形一般分双排或单排布局，

一般横向成排（东西），纵向成列（南北），如果鸡舍按标准的行列式排列与鸡场地形地势、鸡舍的朝向选择等发生矛盾，也可以将鸡舍左右错开、上下错开排列，但仍要注意平行的原则，不要造成各个鸡舍相互交错（图2-14至图2-17）。

图2-14 鸡舍单排排列

图2-15 鸡舍双排排列

图2-16 鸡舍双排排列

图2-17 错位排列

（3）间距 确定鸡舍间距主要考虑日照、通风、防疫、防火和节约用地等因素。鸡舍若采用横向自然或机械通风，间距应为鸡舍高度的3～5倍；若采用纵向机械通风，间距应为鸡舍高度的1～1.5倍。一般安排间距8～10米（图2-18）。

图2-18 鸡舍中间隔离带

（4）道路 生产区的道路分净道、污道。运送产品和用于生产联系的为净道，运送粪便、污物、病鸡、死鸡的为污道。物品只能单方向流动，净道与污道决不能混用或交叉，以利于卫生防疫。双排鸡舍净道在中间，污道分两边；单排鸡舍入口处设净道，出粪口设污道。场外的公路决不能与生产区的道路直接连接。场内道路应不透水，路面材料可根据具体条件修成柏油、混凝土、砖、石或焦砟路面。道路宽度应根据用途和车宽决定。道路两侧应留有绿化和排水沟所需的地面。

（5）**绿化**　植物可吸收二氧化碳、放出氧气，吸附、过滤空气中的粉尘和细菌，减弱噪声，叶面蒸发的大量水分可以增加场区空气湿度，好的绿化环境也有利于工人身心健康，进而提高工作效率。大一些的集约化养鸡场，一般不在场区种植树木，也不种植容易引来鸟类的农作物，以防病原微生物通过鸟粪等在场内传播，保障卫生防疫安全有效。场区内绿化以铺种草坪及种植低秆经济作物，如葱、蒜、菠菜等蔬菜为好。在多风、风大的地区，可在冬季主风的上风向种植防风林以减少风害。

（6）**排水**　为保持场地干燥、卫生，雨水、雪水应及时排除。一般在道路一侧或两侧设明沟，沟壁、沟底可砌砖、石，也可将土夯实做成梯形或三角形断面，再结合绿化护坡，以防塌陷。将其排到场外下风向的污水处理设施或排水系统（退水渠）。

3. **隔离区**　一般位于生产区的下风向，与生产区保持一定的距离。主要为病鸡解剖与处理室、粪便处理场（图2-19）。

也可选择山区植被好、人群稀少、防疫隔离好、水电方便的地方或远离村庄的果园、林地闲置地块建设大栋鸡舍（图2-20至图2-23）。

图2-19　生产区鸡舍安排

图2-20　利用林地空闲地建设鸡舍　　　　图2-21　利用远离村庄的林地空闲地建设鸡舍

图2-22 利用山区闲置地建设鸡舍

图2-23 利用山区果园闲置地建设鸡舍

优质鸡生态养殖（林下、山坡放养）鸡舍一般根据鸡的数量和放养面积进行安排，在放养地分散建立育雏、晚间回巢鸡舍（图2-24至图2-28）。

图2-24 林间鸡舍1

图2-25 林间鸡舍2

图2-26 林间鸡舍3

图2-27　林间鸡舍4

图2-28　散养鸡群

二、鸡舍的建筑设计

（一）鸡舍建筑形式

肉鸡舍建筑目标是能够提供适合肉鸡生理需求和生长的环境，根据当地条件、气候环境、资金状况等情况，建筑形式可多式多样。鸡舍屋顶有双坡式人字架结构（图2-29至图2-33）、拱形结构（图2-34至图2-41）、平顶结构等（图2-42、图2-43）。双坡式鸡舍跨度大，适宜大规模机械化养鸡。拱式鸡舍造价低、用材少、屋顶面积小，大部分养殖场（户）采用该形式养殖。平顶式鸡舍顶棚保温、承重性能不好，而且跨度难以加大，所以现在很少采用。

图2-29　双坡式人字架结构

图2-30　双坡式人字架结构

图2-31　人字架结构内景

19

图2-32　玻璃钢聚苯板人字架结构内部

图2-33　玻璃钢聚苯板人
字架结构外部

图2-34　拱棚式鸡舍外景

图2-35　错位排列的拱棚式鸡舍

图2-36　拱棚式鸡舍内部结构

图2-37　拱形顶棚

图2-38　拱形鸡舍内采用自动乳头水线、
　　　　　料桶网上平养的实际应用

图2-39　大棚式鸡舍顶部

图2-41　大棚式鸡舍内景

图2-40　大棚式鸡舍

图2-42　砖式鸡舍外景

图2-43　平顶双落水式屋顶

（二）鸡舍类型

有3种类型，密闭式、开放式、密闭与开放结合式。

1.密闭舍　一般无窗，完全密闭，屋顶和四壁保温隔热性能良好。鸡舍内的温度、湿度、通风、光照等环境条件均通过各种设备进行控制与调节，最大限度地满足鸡体最适生理要求。

（1）**密闭式鸡舍的优点**　完全的人工环境控制，气候环境对鸡的生长影响小，特别是能抗御严寒酷暑、狂风暴雨等一些极端气候对鸡群的伤害，为鸡群提供较为适宜的生活、生产环境。密闭生产还可大大减少自然媒介传入疾病的风险。密闭式鸡舍采用了人工通风和光照，鸡舍间的间距可大大缩小，节省用地。

（2）**密闭式鸡舍的缺点**　建筑与设备投资高，要求较高的建筑标准和较多的附属设备；水、电、暖供应条件要求高，特别是电，由于通风、照明、饲喂、饮水等全部依靠电力，所以必须有可靠的电源。密闭舍饲养密度高、鸡群大，生物安全、防疫技术要求严格（图2-44至图2-51）。

图2-44　密闭双层平养鸡舍

图2-45　全密闭鸡舍外形图

图2-46　全密闭鸡舍内铺设地暖

图2-47　全密闭式鸡舍内部

图2-48　简易密闭舍外形

图2-49　简易棚舍全密闭鸡舍内部设施

图2-50　简易棚舍全密闭舍内部全景图

图2-51　简易棚舍全密闭舍外形图

（3）密闭式鸡舍环境控制设备主要有　光照及控制系统，通风及控制系统，升、降温及控制系统（暖气、热风炉、湿帘、固定式喷雾设备、排风扇等），加湿设备，饲喂、饮水设备（料线、水线及加药器等）。

2.开放舍　鸡舍四周裸露或四周墙体设置窗户，空气流通以自然通风为主，辅助机械通风；自然光照与人工光照相结合。舍内温度基本上随季节的转换而升降。

（1）开放式鸡舍的优点　造价低、投资少。设计、建材、施工工艺与内部设置等

图2-52　全自动开放式鸡舍

条件要求较为简单，对材料的要求不严格。适宜于气候较暖和、全年温差不太大的地区使用。

（2）开放式鸡舍的缺点 外界自然条件变化对鸡的生产性能影响很大。生产的季节性极为明显，不利于均衡生产和保证市场的正常供给；开放式管理方式，鸡体可通过昆虫、野禽、土壤、空气等各种途径感染疾病；占地面积大，用工多（图2-52至图2-54）。

图2-53 全自动开放式鸡舍内部

图2-54 简易开放舍

3.密闭与开放结合式（半开放式） 这种鸡舍兼具开放与密闭两种类型的特点，我国大部分肉鸡养殖场采用该类型鸡舍。此类鸡舍两侧为窗式通风带，当窗户完全关闭密封时，舍内完全密闭，通过各种设备控制调节鸡舍内的温度、湿度、通风、光照等环境条件。在春秋季气候适宜时，开启窗户，舍内成凉棚状，南北侧可以横向自然通风、自然采光、节约能源与费用，具有开放式鸡舍的特点（图2-55至图2-60）。

图2-55 半开放鸡舍内部

图2-56 生产中的半开放鸡舍（1）

图2-57　生产中的半开放鸡舍(2)

图2-58　半开放鸡舍

图2-59　半密闭鸡舍开放状态

图2-60　半密闭鸡舍密闭状态

（三）鸡舍建筑

肉鸡舍要求顶棚、墙壁保温良好，地面、墙壁便于冲洗和消毒，能保障适宜肉鸡不同生长阶段可控的通风、保温和光照需求（图2-61）。

图2-61　地面硬化与顶棚保温

鸡舍地面应高于舍外地面0.3米以上，以便创造高燥的环境。舍内地面地基应夯实，水泥抹面，地面应稍有坡度（2°～3°，低端在污道排水沟端），整体平整、光滑，冲洗时不存水，容易流出舍外，同时防止老鼠打洞进入鸡舍（图2-62）。

25

墙壁应坚固、耐用、抗震、耐水、防火、抗冻、结构简单、便于清扫和消毒。一般采用砖混结构，墙厚一般25～37厘米，在寒冷地区墙内可加5～10厘米聚苯板，以增加其保温性能（图2-63）。内表面水泥抹面，要求光滑平整，不易挂尘土，易冲洗、不脱落。

图2-62 地面稍有坡度，整体平整、光滑冲洗不存水

图2-63 组装聚苯板半开放鸡舍

顶棚要具备保温隔热、坚固耐久、抗风抗压、结构严密不透水气、防火、光滑轻便等特点。支撑结构如果使用钢结构，则一定要做好防锈处理，否则，鸡舍内湿度大、氨气浓度较大，钢材易氧化生锈脱落，降低其使用年限；如果使用木材，则要选用油质木材，如松木，抗腐朽，不宜用杨木等易吸水的木材，此种木材使用年限短而且不安全。顶棚外面可使用彩钢板、石棉瓦、复合聚苯板（聚苯板及无纺布为基本材料，经防水强化处理后的复合保温板材）等材料（图2-64至图2-67）。

图2-64 彩钢瓦鸡舍

图2-65 保温材料

图2-66 聚苯板顶棚内部

图2-67 支撑结构的钢结构要做好防锈处理

　　鸡舍所有开口处（除门外）都应用孔径为2.0厘米的丝网封闭，鸡舍的设计和建造不应留有任何鸟类或野生动物进入鸡舍的方便之处。

　　鸡舍高度一般为2.0～2.3米。寒冷地区应适当降低净高，炎热地区应适当加大净高。

　　一般半开放式鸡舍宽10～13米、长40～80米，鸡舍内每个隔段长3.3～3.5米，并在离地面40～50厘米处，前后各设通风窗一个，应高于1.5米、宽2米。密闭式鸡舍一般宽13.5米、长120～130米较为经济。

　　每栋鸡舍设一间工作间（有利于观察和保护鸡群）用于饲养人员休息和饲料、用具存放。

　　如果是利用废旧房舍做鸡舍则应按以上需求对其进行改造，彻底清扫、严格消毒后才可用来养鸡。

（四）鸡舍环境要求

　　1. 通风　肉鸡饲养密度大、生长快，氧气需要量大，有害气体排放量也大，所以加强舍内环境通风，提高舍内氧含量，降低有害气体浓度，降低湿度，减少病原微生物，可大大降低肉鸡发病率，提高其采食量，促进其生长发育。当舍内有害气体含量过高、持续时间较长时，会影响肉鸡的生长速度，引发一些疾病（如呼吸系统疾病），增加死亡率。当舍内氨气长时间超过20μg/kg时，鸡眼结膜受刺激，可能造成失明。缺氧会提高肉仔鸡腹水症发生率，生长速度和成活率大受影响。据统计，70%的鸡病是由于通风出现问题而引起的。夏天通风有助于降温。冬天通风与保温产生矛盾，要兼顾通风与保温，小鸡阶段（1、2周龄）以保温为主，适当注意通风；3周龄开始适当提高通风量和延长通风时间；4周龄后则以通风为主。

根据动力的不同，鸡舍通风分为自然通风和机械通风两种。

（1）自然通风 依靠窗户和进风口、排风口进行通风。在有窗鸡舍和棚舍内可以充分利用这一方式，但自然通风的效果往往受舍外自然风力大小、门窗的设置和状态、房舍的朝向与跨度、饲养方式等因素的影响，生产中可根据具体情况分别对待（图2-68）。

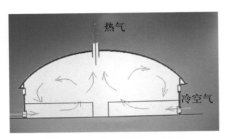

图2-68　自然通风示意图

（2）机械通风 依靠风机进行的强制性通风。一般使用轴流式风机，根据风机气流方向不同，分为负压通风与正压通风。

负压通风是利用风机将舍内空气外排，新鲜空气通过门窗、通风湿帘进入鸡舍。根据气流在舍内的流动方式分为横向负压通风和纵向负压通风（图2-69、图2-70）。横向通风气流的方向与鸡舍纵轴的方向垂直，纵向通风气流的方向与鸡舍纵轴的方向平行，在相同风向流量的情况下，横向通风方式的气流速度明显低于纵向通风方式，舍内气流分布的均匀性也不及后者，而且纵向通风与湿帘降温系统容易配合。

图2-69　横向负压通风示意图

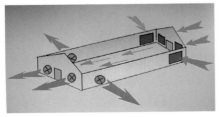

图2-70　纵向负压通风示意图

正压通风是利用风机向舍内送风，使舍内气压高于舍外气压，舍内的空气通过门窗、缝隙向舍外扩散，从而达到通风换气的目的。正压通风风机安装要求高，气流难以掌握，很少使用。

不同的季节应选择不同的通风方式，一般最冷、最热的季节选择负压通风，其他季节选择自然通风。

2.温度　鸡对温度非常敏感，尤其是雏鸡。温度控制得好坏直接影响肉鸡的生长和饲料利用率，温度过高过低都会降低饲料转化率，同时降低鸡体的抗应激能力。

舍内温度低于标准时，应用增温设备（用煤炉、火墙、暖气等）加热；半开放鸡舍密封鸡舍门窗，不要有漏风形成贼风，采用适当的纵向通风，保证鸡舍空气质量与温度的平衡。舍内温度高于标准时，应采取开启"湿帘＋风机"降温；如果还达不到要求，则应增加舍内喷雾、屋顶及墙壁喷凉水措施降温。半开放鸡舍通过打开门窗、鸡舍安装风扇＋舍内喷雾、屋顶及墙壁喷凉水等措施降温，同时供足清洁、卫生的饮水。通风时要逐渐进行，不要突然降温。

3.湿度　合适的湿度是保持肉鸡舒适生长的一个重要环节，湿度过低，容易引起肉鸡呼吸道问题；湿度过高，细菌容易繁殖，垫料等容易霉变。湿度是肉鸡养殖容易忽视的一个环节，北方冬、春季气候干燥应注意加湿；夏、秋季湿度容易过高，应加强通风进行调节。

生产中一般使用干湿度计，每天记录最高最低湿度。湿度低于标准时（特别是1～2周龄），可在煤炉上放置热水盆加湿；或舍内多放水盆，用水分蒸发加湿还可增加带鸡消毒次数；网上平养的可在地面洒水加湿。湿度高于标准时（主要是3周龄以后），在保证温度的条件下，保持良好通风，及时排出潮气；加强饮水管理，防止水管、饮水器漏水，保持地面干燥。应特别注意夜间防止低温高湿。

4.光照　鸡对光照很敏感。在肉仔鸡饲养中，光照间接影响其日增重、饲料转化率和腿病发生率，合适的光照时间和光照强度可提高肉鸡的采食量和生长速度。

5.光照强度　每20平方米地面安装一个灯泡，离地面1.8～2米，灯泡间距3～4米，14日龄前用25～40瓦的灯泡，以后用15～25瓦的灯泡即可。也可使用节能灯，根据节能灯光效率换算安装数量，但光照强度分布要均匀。弱光光照是肉仔鸡饲养管理的一大特点，因为强光照会刺激鸡的兴奋性，而弱光光照可降低其兴奋性，使鸡经常保持安静，有益于增重。对于有窗或开放式鸡舍，在日光强照时要采用各种挡光的方式遮黑。间歇光照可有效地防止腹水症。

三、鸡场的设备

（一）环境控制设备

1.通风设备　主要为风机。风机为鸡舍内提供新鲜空气，排出污浊有害的气体；降低鸡舍内湿度，与湿帘、喷雾设备配套使用，可降低鸡舍内温度（图2-71至图2-74）。

图2-71　风机（鸡舍内部）

图2-72　风机（鸡舍外部）

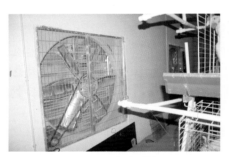

图2-73　风机关闭

图2-74　风机运行

2.防暑降温设备　主要为湿帘、喷雾系统，与风机配合，利用水蒸发吸热原理降低鸡舍内温度（图2-75至图2-77）。

降温、消毒喷头

图2-75　降温、消毒喷头

图2-76 排风扇

图2-77 湿帘

3.消毒设备 主要有高压清洗机、熏蒸、喷雾、背负式喷雾、火焰消毒设备。高压清洗机利用高压水柱对鸡舍内地面、墙壁、设备上的粪便、羽毛、污渍、灰尘等进行彻底清除。熏蒸设备一般为结实耐高温容器，鸡舍清洗后严密封闭鸡舍门窗等通气道，在容器内加入高锰酸钾和福尔马林对鸡舍全面消毒（注意一定要先放高锰酸钾，后倒入福尔马林，否则液体容易溅出，伤及操作人员）。火焰消毒设备有汽油喷灯、煤气火焰消毒器，进鸡前对笼具、食槽等耐火器具进行高温消毒。喷雾系统或背负式喷雾器用于鸡舍内带鸡消毒（图2-78至图2-83）。

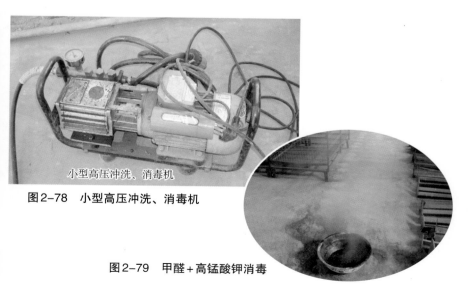

图2-78 小型高压冲洗、消毒机

图2-79 甲醛＋高锰酸钾消毒

图2-80　喷雾消毒

图2-81　喷雾消毒壶

图2-82　背负式喷雾消毒器

图2-83　火焰消毒

　　4.供暖加温设备　有热风炉、保温伞、火道等设施，要求对鸡舍整体均衡供热（图2-84至图2-98）。

图2-85　保温伞

图2-84　热风机

保温伞下温度高，不应
放置饲料和饮水

图2-87 保温伞在生产
中的应用2

图2-86 保温伞在生产
中的应用1

图2-88 雏鸡加温红外灯

图2-89 地暖加温

棚舍内火道

图2-90 棚舍内火道

室外火道口

图2-91 室外火道口

图2-92　烟囱

图2-93　简易棚式全密闭舍火道加温

图2-94　网架架设及烟道

图2-95　煤气加热器

图2-96　鸡场取暖锅炉

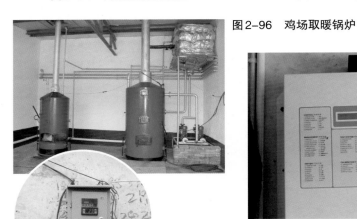

图2-98　温控器

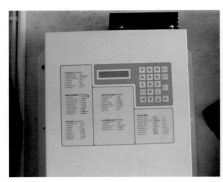

图2-97　鸡舍条件控制器

5.加湿设备 北方冬春气候干燥时利用蒸发器具或喷雾等方法，增加舍内湿度，给鸡提供合适的环境湿度，减少呼吸道疾病（图2-99）。

6.环境控制设备的配合使用 采用"风机+湿帘"、喷雾防暑降温；采用喷雾设备进行带鸡消毒；冬天采用火道上置蒸发器具加湿，春天用喷雾设备进行加湿，夏、秋天利用风机除湿。

图2-99 简易棚式全密闭舍加湿图

（二）饲养设备

1.饮水设备 小型肉鸡养殖场一般使用真空饮水器，10日龄前使用3千克真空饮水器，每50只鸡1个。10日龄至出栏使用10千克真空饮水器或普拉松饮水器，每50只鸡1个。大型养殖场养殖前期使用真空饮水器，后期使用水线。自动饮水设备（水线、普拉松）管道前部应设置过滤、减压、消毒和软化装置（图2-100至图2-110）。

图2-100 真空饮水器

图2-101 水线与真空饮水器的使用

图2-102 普拉松饮水器

图2-103　水线主水管自动加药器

图2-104　水线与料线安装布局

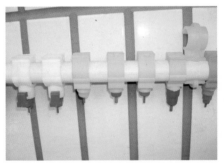

图2-105　水线乳头饮水器（无接盘）

图2-106　水线乳头饮水器（有接盘）

图2-107　自动乳头饮水系统

图2-108　水线过滤器

图2-109　减压器

图2-110　减压器水标

2.给料设备

（1）地面或网上平养（小型肉鸡养殖场）

开食盘：适用于雏鸡最初几天饲养，目的是让雏鸡有更多的采食空间，开食盘有方形、圆形等不同形状。圆形开食盘直径为350毫米或450毫米，一般60～80只鸡用一个。或使用40厘米×60厘米塑料布，50～100只鸡用一块。

小号料桶（3千克）：4～14日龄50只鸡一个

大号料桶（10千克）：14日龄至出栏40只鸡一个（图2-111至图2-115）

图2-111　圆形雏鸡开食盘

图2-112　方形雏鸡开食盘

图2-113 雏鸡开食盘的实际应用

图2-114A 大号料通

图2-114B 小号料桶

图2-115 料桶采食

（2）笼养或野外散养（优质肉鸡）

料槽：表面要光滑平整、采食方便、不浪费饲料、鸡不能进入、便于拆卸清洗和消毒。快速肉鸡平养一般不使用料槽（图2-116）。

自动料槽加料系统：多层笼养均匀自动加料（由于造价高多用于种鸡）（图2-117）。

图2-116 放抛洒料槽

图2-117 料槽自动加料机械

（3）大型肉鸡地面或网上平养

自动料线：有料槽搅龙式和管道饲料桶两种。可减少人力、减少人员对鸡群的干扰，提高均匀度（图2-118至图2-120）。

图2-119 自动料线

图2-118 自动料线室外料塔

图2-120 自动料线示意图

3.饲养场地设施

（1）鸡笼 其规格很多，大体可分为重叠式和阶梯式两种，层数有3层或4层。与平养相比，笼养饲养密度大，饲料转化率高，舍内清洁，鸡只不与粪便接触，能防止或减少球虫病的发生。但笼养设备投资大，而最大缺点是鸡只胸囊肿和腿病的发生率高。

快速肉鸡由于生长速度快，鸡爪皮肤嫩且腿病多，一般不建议使用鸡笼饲养快速肉鸡。可饲养优质肉鸡（土鸡），节省场地，便于管理（图2-121至图2-123）。

图2-121 鸡笼（料槽+水线）

图2-122　鸡笼组装

图2-123　使用中的鸡笼

（2）**地面平养**　地面应为平整的水泥地面，利用网具隔栏，地面铺装垫料，厚度8～10厘米。

常用垫料有：①刨花或锯末。要求质地柔软、干燥、无木块及其他杂物，不发霉。②稻壳、花生壳以及其他植物秸秆切成长度为3厘米的小段，机械揉搓变软后使用。要求不霉变、质地均匀、无异物。③如果垫料缺乏，可使用洗净的沙子作为基础，垫5厘米沙子，上面再铺5厘米厚的刨花。垫料要在鸡舍熏蒸消毒前铺好，以便对垫料进行消毒（图2-124至图2-126）。

图2-124　地面平养垫料（1）

图2-125　地面平养垫料（2）

图2-126　地面平养垫料的生产应用

（3）网上平养 网上平养虽然投资较高，但与厚垫料平养相比，具有以下优点：节省垫料，有利于提高鸡粪的利用率；可显著降低鸡只球虫病、大肠杆菌病、慢性呼吸道病及腹水病的发生率，减少药费开支，提高肉鸡成活率；因大部分管理工作是在走廊上完成，所以能减少对鸡的应激；便于鸡舍的卫生管理；易于控制鸡舍内的温度、湿度及通风换气。

养鸡网架一般用木板、木条、竹竿、铁丝等制作，但以竹板制作或镀锌钢丝为好，不管用哪种材料制作都需平整、光滑、无芒刺，上铺两层塑料网，网架高度一般为70厘米，大小可根据鸡舍的长宽、工作方便与否而定。横梁一般使用预制水泥梁或方木，架网前上面铺装一层塑料薄膜，便于以后清洗。网上平养简易设置见图2-127至图2-134，大型自动化设置见图2-135、图2-136。

图2-127 简易网架基础结构

图2-128 简易铁丝网架铁丝固定圆木

图2-129 简易铁丝支撑网架

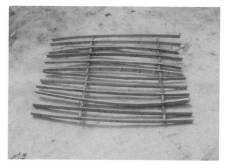

图2-130 简易网架地板

图2-131　简易网架地网

图2-132　简易网架横梁

图2-133　简易网上平养

图2-134　简易网上饲养

图2-135　大型自动网上平养网架

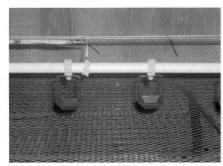

图2-136　大型自动网上平养体系
支撑网架

第三章 营养需要与饲料配制

一、常用原料

饲料原料的品质不仅影响肉鸡的生长发育和经济效益，还直接影响到鸡肉的质量。饲料原料应具有一定的新鲜度，及该品种应有的色、嗅、味和组织形态特征，无发霉、变质、结块、异味。

肉鸡可利用的饲料原料种类繁多，根据原料中营养物质含量的特点，大致可分为能量饲料、蛋白质饲料、维生素饲料、矿物质饲料和饲料添加剂等。

（一）能量饲料

能量饲料是肉鸡饲料的主要成分，用量一般占配合饲料的60%左右。能量饲料是指干物质中粗纤维含量低于18%，粗蛋白质含量小于20%的谷物类、糠麸类等饲料。

1. 谷物类　谷物类的营养特点是：含丰富的碳水化合物（占干物质的70%～84%），粗纤维含量低（约为6%以下），营养物质消化率高；粗蛋白质含量一般为6.7%～16.0%，必需氨基酸含量不足，特别是赖氨酸、蛋氨酸和色氨酸含量不足；脂肪含量一般为3%～5%；钙含量一般低于0.1%，磷含量为0.314%～0.45%，且多为植酸磷，利用率很低；缺乏维生素A和维生素D，但B族维生素含量丰富。谷物类主要包括玉米、高粱、小麦、大麦、稻米、粟等。快速肉鸡饲料要求能量高，首选为玉米，一般不选用其他类谷物。优质肉鸡（土鸡）可使用以上所有种类的谷物产品。不可使用霉变谷物原料配制鸡饲料（图3-1）。

图3-1 正常玉米及劣质玉米

2.糠麸类 糠麸类泛指谷类籽实加工后的副产品，主要是谷类的外壳。有小麦麸、大麦麸、米糠、高粱糠、玉米糠和谷糠等。小麦麸富含维生素，其中维生素E、维生素B_1、烟酸和胆碱含量丰富，但维生素A和维生素D缺乏。矿物质中钙少磷多，比例约1：8，但植酸磷含量高，植酸磷不能被鸡消化利用。麸皮具有轻泻作用，利于通便润肠。

3.油脂类 油脂为高能量物质。配制高能配合饲料时，谷物饲料原料很难满足要求，一般需要添加油脂。油脂可提高粉状料的适口性及其采食量，便于鸡只吞咽，并可使单位增重耗料量下降10%～15%。饲料用油脂主要有动物油脂（用家畜、家禽和鱼体组织提炼得到的油脂）和植物油（如豆油）。在肉鸡饲料中一般添加油脂量2%～5%。不可使用酸败油脂。

（二）蛋白质饲料

1.植物性蛋白饲料

（1）**大豆饼（粕）** 在饼粕类饲料中，无论从代谢能水平，还是从蛋白质、赖氨酸含量看，大豆饼粕都是最佳的，因此是目前使用最多、最广泛的植物性蛋白质原料。豆粕类产品有两种，脱壳大豆粕平均粗蛋白质含量在48%以上，未脱壳大豆粕粗蛋白含量43%～44%。大豆饼为压榨法所得的副产品，其粗蛋白含量较低，约为42%；但是油脂含量较高，为4%～6%。豆粕必须加热炒（蒸）熟使用，熟豆饼和豆粕的用量可占到日粮的10%～30%（图3-2）。

图3-2 豆 粕

（2）**棉籽饼（粕）** 棉籽饼（粕）的营养价值差异很大，主要受脱壳和脱绒程度的影响。棉仁饼粕品质较优，粗蛋白质含量约为40%。棉仁饼粕用量一般不超过5%。菜籽饼（粕）能值较低，粗蛋白质在33%以上，肉仔鸡前期日粮中应避免使用或限制在5%以下，添加菜籽饼（粕）过多可使鸡肉风味变差。

（3）**花生饼（粕）** 脱壳后榨油的花生饼（粕）营养价值高，一般粗纤维含量低于7%，可利用能量高，达到12.50兆焦/千克，是饼粕类饲料中可利用能量水平最高的饼粕。粗蛋白质含量不亚于大豆粕，多在36%～51%，但65%属非水溶性球蛋白，水溶性蛋白仅占7%左右，故蛋白质性状与大豆蛋白差异较大。鸡只4周龄前不宜用，4周龄后一般用量不超过4%。

（4）**亚麻饼粕（胡麻饼粕）** 粗蛋白质含量在32%～36%，其蛋白质组成中赖氨酸含量低，蛋氨酸含量也较低，精氨酸含量高（可达3.0%），故使用亚麻饼（粕）时应补加赖氨酸，或与赖氨酸含量高的饲料原料混合使用。亚麻籽实中含有一种抗营养因子，能水解生成氢氰酸，对鸡有毒害作用，雏鸡对氢氰酸敏感，故雏鸡配合饲料中一般不添加亚麻籽，快速肉鸡一般不使用，优质肉鸡大鸡日粮中亚麻籽用量最好限制在3%以下。

（5）**芝麻粕** 含粗蛋白质42%～50%，粗纤维仅6%～7%，也是一种良好的蛋白质饲料。芝麻粕的氨基酸消化率在80%～90%，高于棉籽饼和菜籽饼（粕）。肉仔鸡喂量可占到配合饲料的3%～5%。

（6）**玉米蛋白粉** 又叫玉米面筋粉，为湿磨法制造玉米淀粉或玉米糖浆时，原料玉米除去淀粉、胚芽等分离、干燥而成。玉米蛋白粉中蛋白质含量很高，一般为30%～70%；脱皮的玉米蛋白粉粗蛋白质含量基本在60%以上。一般肉仔鸡饲料中用量为2%～3%，最好不超过5%。

2.**动物蛋白饲料原料** 动物性蛋白质饲料原料的特点是蛋白质含量高，氨基酸组成平衡，适于与植物性蛋白质饲料配合使用；磷、钙含量高，而且磷几乎都是可利用磷；富含微量元素和维生素。动物性蛋白质饲料原料营养较为全面，易于消化吸收。但动物性蛋白饲料在生产加工、运输和保存过程中容易造成病原微生物污染和酸败，影响鸡健康生长，也是造成肉鸡产品质量问题。一些大型场家为保证产品质量安全，使用无动物蛋白原料饲料。

动物性蛋白质饲料包括鱼粉、肉粉、肉骨粉、血粉、羽毛粉、皮革蛋白粉、蚕蛹粉和屠宰场副产物、乳产品等。

　　鱼粉蛋白质含量高，进口鱼粉蛋白质含量一般在55%～65%，高的可达70%，国产优质鱼粉蛋白质含量为55%～60%。鱼粉的蛋白质品质较好，氨基酸组成合理，尤以蛋氨酸、赖氨酸含量丰富，精氨酸含量较低，这正与大多数饲料的氨基酸组成相反，故在使用鱼粉配制日粮时，蛋白质和氨基酸很容易达到平衡。鱼粉中几乎不含纤维素和木质素，可利用能量水平高。钙、磷含量高，比例合适，并且鱼粉中几乎所有的磷都是可利用的。鱼粉中硒含量较高，高达2毫克/千克以上，鱼粉添加量较高时，可以完全不用另添加亚硒酸钠。鱼粉中含锌量也非常高。另外，鱼粉中维生素含量丰富，尤其是B族维生素，鱼粉中含有所有植物性饲料都不具有的维生素B_{12}。另外，鱼粉还含有维生素A和维生素E等脂溶性维生素，并含有未知的促生长因素。但鱼粉用量不宜太大，以免造成鸡只肌胃糜烂，可占到日粮的1%～6%。我国鱼粉一般含盐量高，配合饲料时要加以考虑，应适当降低食盐的添加量，以避免鸡只食盐中毒。鱼粉营养物质含量丰富，是微生物繁殖的良好场所，容易发霉变质，注意贮藏在通风和干燥的地方，避免沙门氏菌和大肠杆菌的污染（图3-3、图3-4）。

图3-3　鱼　粉

图3-4　肉骨粉

（三）矿物质饲料原料

　　动物必需的矿物质元素主要有16种。矿物元素按动物需要量不同分为常量元素和微量元素。通常把占体重0.01%以上的叫做常量矿物质元素，如钙（Ca）、磷（P）、镁（Mg）、钾（K）、钠（Na）、硫（S）、氯（Cl）

把占体重0.01%以下的矿物质元素叫做微量元素,如铁(Fe)、铜(Cu)、锰(Mn)、锌(Zn)、碘(I)、钴(Co)、钼(Mo)、硒(Se)等。在动物饲料中通常添加的常量元素包括:钙、磷、钠、氯等;微量元素有铁、铜、锰、锌、碘和硒。

1.食盐 食盐的成分是氯化钠,是配合饲料中补充钠、氯最简单、价廉和有效的添加源。

2.钙、磷补充饲料 生产中常用的钙源性饲料有石粉、贝壳粉、轻质碳酸钙等。骨粉、磷酸氢钙、磷酸钙是磷、钙补充饲料。

3.微量元素 可通过添加微量元素添加剂得到满足。

(四)饲料添加剂

维生素是鸡生长发育的重要物质,虽然谷物、动物源性饲料原料中含有一些维生素,但少而不平衡,不能满足鸡的生长发育需要,可通过在饲料中添加维生素添加剂来满足鸡只对维生素的需求。可根据饲料构成添加不同的单品维生素,也可购买已经配制好的复合维生素添加剂。

为保证饲料更加符合肉鸡生长发育的需要和提高饲料的消化吸收率,生产中常使用以下不同类型的添加剂。

(1)根据鸡不同生长发育阶段的营养需要平衡饲料营养素 氨基酸、矿物质和微量元素、维生素、电解质。

(2)提高鸡只消化吸收能力 酶制剂、微生物添加剂。

(3)保证饲料存贮品质 抗氧化剂和防腐剂、黏结剂、抗结块剂、稳定剂。

(4)提高产品外观质量 着色剂。

(5)提高饲料适口性 调味剂。

(6)疫病预防 药物添加剂。

为了保障肉鸡产品质量,必须选择国家允许使用的肉鸡饲料添加剂和推荐的使用方法。

二、营养需要

动物的营养需要量也称饲养标准,它是供给动物的饲料种类和用量的标准,是饲养业商品化的标志之一。一般饲养标准所推荐的数量是动物为满足正常的生理、生长发育或生产的最低营养需要量。按照饲养标准的规定对鸡进行饲养，有利于鸡的健康和其生产性能的发挥，节省饲料费用，降低生产成本，提高经济效益。肉鸡营养需要量是根据鸡的品种、年龄、性别、体重、生产目的与生产水平，通过试验，科学地规定给予鸡所需饲料的能量浓度、蛋白质水平以及其他各种营养物质的具体数量。

（一）引进品种

快速肉鸡的饲养标准分两段制和三段制两种，即将饲养全期划分为两个或三个料型阶段。我国1986年公布的肉仔鸡饲养标准，分为0～4周龄和5周龄以上两段，以此配制成前期料和后期料。美国饲养标准分为0～3周龄、3～6周龄和6～8周龄三段，由此配制前期料、中期料和后期料，因分段细所以更有利于保证肉鸡合理的营养，饲养效果优于二段制，已在国内广泛采用，见表3-1、表3-2。

表3-1　我国制定的二段制速长型肉仔鸡饲养标准（1986）

营养成分	0～4周龄	5周龄以上
代谢能（兆焦／千克）	12.13	12.55
粗蛋白质（%）	21.0	19.0
蛋白能量比（克／兆焦）	17	15
钙（%）	1.00	0.90
总磷（%）	0.65	0.65
有效磷（%）	0.45	0.40
食盐（%）	0.37	0.35
蛋氨酸（%）	0.45	0.36
蛋氨酸+胱氨酸（%）	0.84	0.68
赖氨酸（%）	1.09	0.94
色氨酸（%）	0.21	0.17
精氨酸（%）	1.31	1.13
亮氨酸（%）	1.22	1.11
异亮氨酸（%）	0.73	0.66
苯丙氨酸（%）	0.65	0.59
苯丙氨酸+酪氨酸（%）	1.21	1.10
苏氨酸（%）	0.73	0.69

表3-2 美国制定的三段制肉鸡营养标准（NRC第九版，1994）

营养素	0～3周龄	3～6周龄	6周龄以上
代谢能	13.38兆焦/千克		
粗蛋白质（%）	23.00	20.00	18.00
精氨酸（%）	1.25	1.10	1.00
甘氨酸+丝氨酸（%）	1.25	1.14	0.97
组氨酸（%）	0.35	2.32	0.27
异亮氨酸（%）	0.80	0.73	0.62
亮氨酸（%）	1.20	1.09	0.93
赖氨酸（%）	1.10	1.00	0.85
蛋氨酸+胱氨酸（%）	0.90	0.72	0.60
苯丙氨酸（%）	0.72	0.65	0.56
苯丙氨酸+酪氨酸（%）	1.34	1.22	1.04
脯氨酸（%）	0.60	0.55	0.46
苏氨酸（%）	0.80	0.74	0.68
色氨酸（%）	0.20	0.18	0.16
缬氨酸（%）	0.90	0.82	0.70
亚油酸（%）	1.00	1.00	1.00
钙（%）	1.00	0.90	0.80
氯（%）	0.20	0.15	0.12
镁（毫克）	600	600	600
非植酸磷（%）	0.45	0.35	0.30
钾（%）	0.30	0.30	0.30
钠（%）	0.20	0.15	0.12
铜（毫克）	8	8	8
碘（毫克）	0.35	0.35	0.35
铁（毫克）	80	80	80
锰（毫克）	60	60	60
硒（毫克）	0.15	0.15	0.15
锌（毫克）	40	40	40

（续）

营养素	0～3周龄	3～6周龄	6周龄以上
维生素A（国际单位）	1 500	1 500	1 500
维生素D_3（国际单位）	200	200	200
维生素E（国际单位）	10	10	10
维生素K（毫克）	0.50	0.50	0.50
维生素B_{12}（毫克）	0.01	0.01	0.007
生物素（毫克）	0.15	0.15	0.12
胆碱（毫克）	1 300	1 000	750
叶酸（毫克）	0.55	0.55	0.50
烟酸（毫克）	35	30	25
泛酸（毫克）	10	10	10
吡哆素（毫克）	3.5	3.5	3.0
核黄素（毫克）	3.6	3.6	3.0
硫胺素（毫克）	1.80	1.80	1.80

　　近年来，遗传进展使肉鸡生长速度更快，同时出现脂肪蓄积过多问题，为避免这一不足，英国等研究单位提出新的饲粮标准。适当降低能量和蛋白质水平，使肉鸡既保持一定的生长速度，又不致蓄积脂肪过多，见表3-3。

表3-3　英国制定的肉仔鸡饲料能量及蛋白质水平

饲养类型	饲养期	代谢能（兆焦／千克）	粗蛋白质（%）	饲料形状
二段制	前期	12.7	21	碎料
	后期	12.9	18	颗粒料
三段制	前	12.7	21	碎料
	中	12.9	19	颗粒料
	后	12.9	18	

　　每个育种公司都对自己的肉仔鸡进行过大量的试验，总结出了自己鸡种的营养需要量，其标准更接近实际需要。一般鸡苗提供商都会提供

相应的饲养管理手册，饲养户可根据自己的实际条件，参照执行，见表3-4。

表3-4 引进品种爱拔益加（AA）营养标准

营养成分		育雏期 （0～21天）	中期 （22～37天）	后期 （38天至上市）
粗蛋白质（%）		23.0	20.2	18.5
代谢能（兆焦/千克）		13.0	13.2	13.4
能量蛋白比		135	158	173
粗脂肪（%）		5～7	5～7	5～7
亚油酸（%）		1	1	1
叶黄素（毫克/千克）		18	26～33	26～37
抗氧化剂（毫克/千克）		120	120	120
抗球虫药		+	+	～
矿物质(%)	钙	0.9～0.95	0.85～0.90	0.80～0.85
	可利用磷	0.45～0.47	0.42～0.45	0.38～0.43
	盐	0.30～0.45	0.30～0.45	0.30～0.45
	钠	0.18～0.22	0.18～0.22	0.18～0.22
	钾	0.70～0.90	0.70～0.90	0.70～0.90
	镁	0.06	0.06	0.06
	氯	0.20～0.30	0.20～0.30	0.20～0.30
氨基酸(%最低量)	精氨酸	1.25	1.22	0.96
	赖氨酸	1.18	1.01	0.90
	蛋氨酸	0.47	0.45	0.38
	蛋氨酸+胱氨酸	0.90	0.82	0.75
	色氨酸	0.23	0.20	0.18
	苏氨酸	0.78	0.75	0.70
维生素 （附加量/千克）	维生素A（国际单位）	8 800	8 800	6 600
	维生素D_3（国际单位）	3 300	3 000	2 200
	维生素E（国际单位）	30	30	30
	维生素K（毫克）	1.65	1.65	1.65
	硫胺素（毫克）	1.1	1.1	1.1
	核黄素（毫克）	6.6	6.6	5.5

（续）

营养成分		育雏期 （0～21天）	中期 （22～37天）	后期 （38天至上市）
维生素 （附加量/千克）	泛酸（毫克）	11	11	11
	烟酸（毫克）	66	66	66
	吡哆醇（毫克）	4.4	4.4	3
	叶酸（毫克）	1	1	1
	氯化胆碱（毫克）	550	550	440
	维生素 B_{12}（毫克）	0.022	0.022	0.011
	生物素（毫克）	0.2	0.2	0.11

从我国当前的生产性能和经济效益来看，仔鸡饲粮代谢能≥12.1～12.5兆焦/千克，蛋白质前期≥21%，后期≥19%为宜。同时，要注意满足必需氨基酸的需要量，特别是赖氨酸、蛋氨酸，以及各种维生素、矿物质的需要。

（二）培育品种

我国培育的优质型肉鸡的阶段划分不同于快速型肉鸡。其饲养期长，一般前期为0～6周龄，中期为7～10周龄，后期为11～15周龄。由于优质肉鸡相对于快速肉鸡而言对饲料不是非常敏感，饲料标准研究比较粗糙，见表3-5。

表3-5 我国地方品种肉用黄鸡的代谢能、粗蛋白质需要量

项 目	0～5周龄	6～11周龄	12周龄以上
代谢能（兆焦/千克）	11.72	12.3	12.55
粗蛋白质（%）	20.0	18.0	16.0
蛋白能量比（克/兆焦）	17	15	13

（三）地方品种

我国优良地方品种为自然散养状态下形成，具有抗病性强，耐粗饲

特点。如果规模化平养和笼养、散养加补饲方法饲养，可使用培育品种鸡的营养标准。养殖户常用的散养加补饲原粮的饲养方法不科学，其营养物质不平衡会导致鸡生长速度慢。

三、饲料的配制

（一）饲料配合的原则

1. 科学性　根据不同品种和日龄肉鸡的营养需要，能够全面满足肉鸡的营养需求，以充分发挥肉鸡的生产性能。

2. 经济性　饲料配方在满足鸡只营养需要的基础上，还应尽可能降低饲料成本。现在计算机程序能够以价格为目标函数计算出最优化配方。

3. 无公害　按照农业部发布的《无公害食品 肉鸡饲养饲料准则》配制。

（二）配合饲料种类

1. 按营养成分分类　可分为全价配合饲料、浓缩饲料、添加剂预混合饲料等。

（1）**全价配合饲料**　按照肉鸡饲养标准，选择多种饲料原料，根据其营养含量配合加工的饲料。全价配合饲料包括能量、蛋白质、矿物质、粗脂肪、粗纤维及维生素等全面营养，能满足肉鸡不同生长阶段的需要。饲喂全价配合饲料时，无需再添加任何其他成分。

（2）**浓缩饲料**　又称平衡用混合料。根据肉鸡的饲养标准，由蛋白质饲料、矿物质饲料和微量元素、维生素等添加剂按一定比例配制的半成品饲料。用户根据说明添加规定量的玉米、麸皮等大宗能量饲料和豆粕，即可配成全价配合饲料。

（3）**添加剂预混饲料**　简称预混料。根据肉鸡对微量成分的需要量，由一种或多种饲料添加剂与载体或稀释剂按一定比例配制的均匀混合物。预混料包括单一型预混料和复合型预混料两种。单一型预混料是同种类物质组成的预混料，如多种维生素预混料、复合微量元素预混料等；复合预混料是由两种或两种以上添加剂与载体或稀释剂按一定比例配制而成的产品。3%～4%的预混料包括各种维生素、微量元素、常量元素和非营养性添加剂等，0.4%～1.0%的预混料不包括常量元素，即不提供钙、磷、食盐。根据说明添加大宗饲料原料，如玉米、豆粕、骨粉等。

2.按肉仔鸡生理阶段分类　分为育雏料、中期料、后期料／宰前料；或是0～4周龄料，4周龄至上市料。

3.按饲料形态分类　分为粉状饲料、颗粒饲料和膨化饲料等。一般肉鸡前期使用粉状饲料，后期使用颗粒饲料（图3-5至图3-8）。

图3-5　粉料

图3-6　颗粒料

图3-8　成品料样品

图3-7　桶中的颗粒料

　　参考配方（根据营养标准需求与各种饲料原料营养成分计算）：见表3-6至表3-8。

表3-6　二段式快速肉鸡参考配方

配方组成（%）	0～4周龄	5～8周龄
玉米	61.09	66.57
豆饼	30	28
鱼粉	6	2
DL-蛋氨酸（98%）	0.19	0.27
L-赖氨酸（98%）	0.5	0.27
骨粉	1.22	1.89
微量元素、维生素预混料	1	1

表3-7A　三段式快速肉鸡参考配方1

配方组成（%）	0～3周龄	4～6周龄	7～8周龄
玉米	56.69	67.04	70.23
大豆粕	25.1	14.8	15.1
鱼粉	12	12	8
植物油	3	3	3
DL-蛋氨酸（98%）	0.14	0.23	0.31
L-赖氨酸（98%）	0.2	0.2	0.21
石粉	0.95	1.03	1.08
磷酸氢钙	0.42	0.2	0.57
维生素预混料	1	1	1
微量元素预混料	0.5	0.5	0.5

表3-7B　三段式快速肉鸡参考配方2

配方组成（%）	0～3周龄			4～6周龄			7～8周龄		
玉米	5.3	4.2	5.2	8.2	7.2	7.7	0.2	9.2	0.7
麦麸							3	2	
豆粕	8	4	2	5	1.5	7	0	2.5	1

（续）

配方组成（%）	0～3周龄			4～6周龄			7～8周龄		
鱼粉			2			2			2
菜粕		5	4		5	4		0.5	0.5
棉粕						3			5
磷酸氢钙	0.4	0.5	0.5	0.4	0.3	0.3	0.3	0.3	0.3
石粉	1	1	1	0.1	0.2	0.2	0.2	0.2	0.2
食盐	0.3	0.3	0.3	0.3	0.3	0.3	0.3	0.3	0.3
油	3	3	3	3	0.5	0.5	3	3	3
添加剂	1	1	1	1	1	1	1	1	1

表3-8　培育品种参考配方

配方组成（%）	前期	中期	后期
玉米	57	63.5	68
豆粕	32	26.5	18
米糠	2.5	2	1
麦麸	3.5	3	4.5
玉米蛋白	0	0	3.5
5%预混料	5	5	5
合计	100	100	100

（三）饲料配制方法

饲料生产车间设计与设施卫生、生产过程卫生应符合国家有关规定，新接受的饲料原料和各批次生产的饲料产品均应保留样品。

1.**粉碎过程**　饲料生产中应用的谷物原料一般都先经过粉碎。粉碎大块的原料，要检查有无发霉变质现象。粉碎后的原料粒径变小，表面积增大，能在鸡消化道内更多地与消化酶接触，从而提高饲料的消化利用率。通常认为饲料表面积越大、溶解能力越强、吸收越好，但是事实不完全如此，吸收率取决于消化、吸收、生长、生产机制等。如果饲料有过多粉尘，还会引起肉鸡呼吸道、消化道疾病等。因此，粉碎谷物都有一个适宜的粒度。同时，粉碎粒度的情况也将直接影响以后的制粒性能。一般来说，原料表面积越大，调质过程淀粉糊化越充分，制粒性能越好，从而也提高了饲料的营养价值。

2.配料混合过程　平养或笼养鸡只能从饲料中摄取全面的营养，如果某种营养缺乏则会造成很大的损失。配料精确与否直接影响饲料营养与饲料质量。若配料误差大，营养的配给达不到要求，则一个设计科学、合理的配方就很难实现。生产中经常出现计量设备不准确，工作人员就估摸计量，结果造成一些成分多加、忘加、甚至错加的质量事故，导致鸡群大批出现问题。因此饲料生产过程的管理非常重要。微量和极微量组分应提前预稀释，并应在专门的配料室内进行。混合工序投料应按照先大量、后小量的原则进行，应将投入的微量组分稀释到配料的5%以上（把微量组分，如蛋氨酸、赖氨酸、微量元素等与已粉碎好的玉米、豆粕逐步加量混合，达到配料总量的5%以上后，再加入饲料机组。目的是让微量组分在饲料中分布均匀）。同一批次应先生产不添加药物添加剂的饲料，然后生产添加药物添加剂的饲料；先生产药物含量低的饲料，再生产药物含量高的饲料。在生产不同的药物添加剂的饲料产品时，应对所用的生产设备、用具、容器进行彻底清理。定期对计量设备进行检验和维护，以确保其精确性和稳定性。

3.调质与制粒　制粒前对粉状饲料进行水热处理称为调质，通过调质可达到以下目的。

（1）提高饲料的可消化性　调质主要是对原料进行水热处理。在水热作用下，原料中的生淀粉得以糊化而成为熟淀粉。如不经调质直接制粒，则成品中淀粉的糊化度仅14%左右；采用普通方法调质，糊化度可达30%左右；采用国际上新型的调质方法，糊化度可达60%以上。淀粉糊化后，可消化性明显提高，因而可通过调质达到提高饲料淀粉利用率的目的。调质过程中的水热作用还使原料中的蛋白质受热变性，饲料中的蛋白质就可被鸡只充分消化吸收。

（2）杀灭致病菌　通过采用不同参数或不同的调质设备进行饲料调质，能有效地杀灭饲料中的致病菌、昆虫或昆虫卵，使饲料的卫生水平得到保证。同样配方的饲料，经过高温灭菌后，鸡的发病率明显下降。与药物预防疾病相比，调质灭菌成本低，无药物残留，不污染环境，无副作用。

（四）饲料原料质量控制

饲料原料品质是保障饲料质量的关键。收购原料一定要严格遵守原料的质量标准，以确保原料质量。饲料原料的质量好坏，可以通过一系列的指标反映，主要包括一般形状及感官鉴定，有效成分的检测分析，是否含有杂质、异物、有毒有害物质等。

1.一般性状感官鉴定　为饲料原料初步检测方法。由于其简易、灵活和快速，所以常用于原料收购的第一道检测程序。一般性状的检查通常包括外观、气味、湿度、杂质和污损等。

（1）眼观　是否符合该原料的色泽标准、色泽是否一致，是否饱满，有无发霉变质、结块及异物等。如发霉玉米可见其胚芽处有蓝绿色，麸皮发霉后出现结块且颜色呈蓝灰色，掺有羽毛粉的鱼粉中有羽毛碎片，过度加热的豆粕呈褐色等。

（2）鼻嗅　有无霉味、臭味、酸味、氨味、焦煳味等，如变质的肉骨粉有异臭味，正常品质的鱼粉有鱼特有的腥香味等。

（3）舌舔　主要检查鱼粉等的含盐量。

（4）牙咬　主要用于判断谷物原料的水分。

（5）手捻　检测粒度、硬度、黏稠性，有无附着物及水分估测。

2.化验室有效成分分析

（1）概略养分　水分、粗蛋白质、粗脂肪、粗纤维、粗灰分和无氮浸出物总称六大概略养分。它们是反映饲料基本营养成分的常用指标。

（2）矿物质　包括钙、磷和食盐。饲料中的矿物质，主要是钙、磷和食盐的含量是饲料的基本营养指标。如果含量不足、比例不当，往往会引起鸡只相应的缺乏症。但如果使用过量，就会破坏肉鸡的正常代谢和生产过程。

（3）有毒有害物质的检测　主要包括：真菌所产生的毒素，如黄曲霉毒素、杂色曲霉毒素和棕色曲霉毒素等；农药残留，主要为有机氯、有机磷农药残留和贮粮杀虫剂残留等；原料自身的有毒物质，如棉籽饼（粕）中的棉酚，菜籽饼（粕）中的异硫氰酸酯，高粱中的单宁等；铅、汞、镉、砷等重金属元素及受大气污染而附上的有毒物质，如烟尘中的3，4-苯并芘对饲料的污染等。

有毒有害物及微生物的含量应符合相关标准的要求，制药工业的副产品不应作为肉鸡饲料原料，应以玉米、豆饼为肉鸡的主要饲料，使用杂饼粕的数量不宜太大，宜使用植酸酶，减少无机磷的用量（图3-9至图3-11）。

图3-9 脂肪测定

图3-10 磷测定

（五）添加剂使用原则

饲料添加剂在平衡饲料营养方面更符合肉鸡生长发育的生理需要，具有非常重要的作用。常用添加剂有微量元素添加剂、维生素类添加剂、兽药添加剂、促生长类添加剂、饲料酸化剂等。饲料添加剂添加量较少，因此添加时要遵循以下原则：

1.要与饲料充分混匀 如果搅拌不匀，一些鸡采食不到，而一些鸡采食过量，甚至引起中毒。可采用逐渐稀释的方法混匀，即先用少量饲料搅拌，然后再加入中量饲料搅拌，最后再加入大量饲料搅拌。

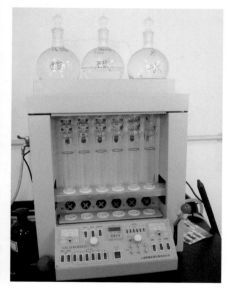

图3-11 粗纤维测定

2.按照包装说明使用量添加 不可加减使用量。

3.一定要选用国家批准的正规厂家生产的产品 非正规厂家产品质量不能保证，有的养殖场甚至加入违禁药品，结果造成产品事故，得不偿失（图3-12）。

（六）饲料包装、运输及贮存

饲料包装应完整、无漏洞、无污染和异味。包装的印刷油墨应无毒，且不向内容物渗漏。

图3-12 维生素添加剂

运输作业应保持包装的完整性，防止污染。要使用专用运输工具，不应使用运输畜、禽等动物的车辆，及运输农药、化肥的车辆运输饲料，运输工具和装卸场地应定期消毒。

饲料应保存于通风、背光、阴凉的地方，饲料贮存场地不应使用化学灭鼠药和杀虫剂等。保存时间，夏季不超过10天，其他季节不超过30天。

（七）饲料选购

品种是决定肉鸡生产潜力的根本，标准化饲料是保证肉鸡生产潜力充分发挥的基础。自配料一般很难达到标准化饲料的要求，由于原料采购量小，所以在价格方面不具有优势。养殖场应该使用各种条件达标、较大饲料生产企业的饲料产品。

目前，我国快速肉鸡饲养一般是"公司+农户"模式，公司会提供农户不同饲养阶段鸡只的全价配合饲料，农户不需要考虑饲养标准的调整、饲料原料的选择和饲料配方的计算等。

第四章　饲养管理技术

肉鸡生产中可以用一个公式来表达影响肉鸡生产效益的各个因素，即：

$$产出 =（遗传 + 营养 + 环境）× 管理$$

从公式中得出：尽管影响肉鸡生产效益的因素有多种，但管理因素是鸡场能够把握而且是最关键的因素。

一、饲养方式与养殖计划

1.饲养方式　如第二章第三节饲养设备中所述，主要有垫料平养、网上平养、笼养三种。

2.生产计划　不管使用何种饲养方式，均应采用全进全出制。即肉鸡养殖场只养同一批、同一日龄的鸡群；同一天进鸡，同一天出售。这种饲养方式可有效降低鸡场病原微生物污染，防止不同批次间鸡只疾病的互相感染和病原微生物的长期存留。

饲养45日龄上市的快速肉鸡，每年宜安排4～5批。

优质鸡饲养时间依品种和最佳上市时间而定，可逐渐出售。但每批未出售完时尽量不安排下一批进鸡。

3.饲养密度　冬季每平方米9～10只，春秋季每平方米8～10只，夏季每平方米7～8只，鸡舍条件好的每平方米可增加1～2只。育雏开始可每平方米40～50只，7、14、21日龄分别扩群一次。应根据鸡舍面积决定进鸡数量，要保证密度合理：密度过大，群体应激反应大，若密度增加1倍，则群体抗应激水平降低6倍，表现为增重慢、易发病、废弃率高；如密度过小，则会造成设备浪费。

优质鸡散养应安排在春夏季育雏，以保证育雏结束后，雏鸡能适应外界气温进行露天放养。同时可赶上农历八月十五和春节上市消费旺季。

二、环境控制指标

（一）温度

鸡只各周龄适宜温度见表4-1。

表4-1 各周龄适宜温度

年龄	温度	年龄	温度
1 ~ 3 日龄	32 ~ 35℃	3 周龄	26 ~ 28℃
4 ~ 7 日龄	30 ~ 32℃	4 周龄	22 ~ 24℃
2 周龄	28 ~ 30℃	5 周龄至上市	21 ~ 23℃

白天使温度达下限，夜间达上限，如2周龄需要28 ~ 30℃，则白天28℃，夜间30℃。

温度测量：使用温度表，悬挂高度为温度表感温球与鸡背相平，每天至少检查4次。

在实际操作中，温度控制的好坏主要看鸡只的分散均匀度，如鸡只分布均匀，则温度适宜；若鸡只远离热原，则温度过高；反之，温度过低，鸡只堆积挤压于一隅。

育雏第1周保持舍内恒温很重要。温度忽高忽低容易引起鸡只发生疫病，如腹泻、呼吸道病（图4-1至图4-6）。

图4-1 密闭双层鸡舍内温度正常时鸡只分布

图4-2 温度正常鸡只分布

图4-3　温度合适

图4-4　温度正常时大鸡的状态

图4-5　温度过高时大鸡张嘴喘气

保温伞下温度高，不应放置饲料和饮水

图4-6　保温伞下温度过高时鸡只分布状态

（二）湿度

1.湿度要求　1～2周龄应保持相对高的湿度，3周龄至出栏应保持相对低的湿度。湿度控制参考标准见表4-2。

表4-2　各周龄适宜湿度

周龄	相对湿度	周龄	相对湿度
1	70%	4～5	60%～65%
2～3	65%～70%	5周龄后	55%～60%

使用干湿度计随时检查、调整湿度，每天记录最高最低湿度（图

4-7）。

2.控制方法　湿度低于标准时（特别是1～2周龄），可在火炉上置热水盆蒸发加湿；增加带鸡消毒次数；舍内多放水盆，用水分蒸发加湿；网上平养可在地面洒水加湿。

湿度高于标准时（主要是3周以后），在保证湿度的条件下，保持通风良好，及时排出潮气；加强饮水管理，防止水管、饮水器漏水，在添水时不使水洒在垫料上；每天按时清粪（网上平养），保持地面干燥；适当翻垫料消除结块，添加新的干燥垫料；注意保温，在夜间要特别注意防止低温高湿。

图4-7　干湿温度计

（三）光照

鸡只各周龄适宜光照见表4-3。

表4-3　各周龄适宜光照

日龄	光照（小时）	黑暗时间安排
1～3	24	
4～5	22	20：00～22：00
6～7	20	20：00～22：00 1：00～3：00
8～9	18	20：00～22：00 1：00～5：00
10～35	16	20：00～24：00 1：00～5：00
36～42	20	20：00～22：00 1：00～3：00
43日龄后	22	20：00～22：00

生产中，应根据季节和鸡群状况对光照做适当调整，如夏季在夜间可适当延长开灯时间，让鸡充分采食，鸡群出现异常时也应延长开灯时间。

（四）通风

根据生产实践经验，肉仔鸡舍要保持良好的空气质量，每1 000只鸡每分钟都需要一定的通风换气量，见表4-4。冬季最小通风量每千克体重不低于0.015 5米³／分钟，夏季最大通风量每千克体重不高于0.155米³／分钟。

表4-4　肉仔鸡舍冬夏季适宜通风量

鸡只体重（千克）	冬季最小通风量	夏季最大通风量
0.5	7.8	78
1.0	15.6	156
1.5	23.4	234
2.0	31.2	312
2.5	39.0	390
3.0	46.7	467

根据风机排风量计算排风时间，一般不少于1分钟。

1.通风换气的要求和人对氨气的感官指示

（1）通风换气要求　肉仔鸡整个饲养周期内都需要良好的通风，特别是饲养后期通风换气特别重要。

一般来说，1～3周龄以保温为主，适当通风换气，氨气浓度小于10μL/L，无烟雾粉尘；4周龄至出栏以通风换气为主，保持适宜的温度，氨气浓度小于20μL/L。

（2）人对氨气的感官指示　5～10μL/L可嗅出氨气味；10～20μL/L较轻微刺激眼睛、鼻孔；20～30μL/L较强刺激眼睛和鼻孔。

简单地说：即人进入鸡舍时嗅不到氨味、臭味和其他刺鼻气味即为通风良好。

2.无通风设备鸡舍通风换气的方法　育雏前3天育雏室封闭以后可打开顶部通气孔。夏、秋季应根据外界气温适当打开门窗，但要防止冷空气直接吹到雏鸡身上。

寒冷季节通风前先提高舍温2～3℃，利用中午、下午外界气温高时适当打开向阳的窗户，进行通风换气。炎热季节可用排风扇等设备辅助通风换气。

（五）饮水

水质要求：原则上须使用深井水，必须保证不被大肠杆菌和其他病原微生物污染。

三、饲养管理

（一）饲养前的准备工作

饲养计划应包括进鸡时间，每批鸡的品种和数量，雏鸡的来源，饲料和垫料的数量，免疫、用药计划和出售时预期价格等。配备相应的饲养员，喂鸡是一项艰苦而细致的工作，饲养人员必须有高度的责任心，要经过专门的技术培训，掌握一定的技术。

1.鸡舍准备　新建鸡场进鸡前，要求在舍内干燥后，屋顶、地面用3%～5%火碱消毒液消毒一次。饮水器、料桶、其他用具等充分清洗消毒。要注意鸡舍外、场区内地面、道路、工作间及鸡舍外墙壁等要用3%～5%火碱水充分喷洒、消毒，不留死角。火碱消毒液用量每平方米50毫升。应特别注意火碱具有强腐蚀性，切记操作时不要与皮肤接触，造成人身伤害，如意外接触，应立即用清水冲洗干净（图4-8至图4-10）。

图4-8　火　碱

图4-9　配制火碱消毒液

图4-10　火碱稀释

使用过的鸡场每批鸡出售后，应立即彻底清理所有物品，包括饮水器、料桶，拆除网架、支架，清运垫料、粪便、羽毛等。彻底清扫鸡舍地面、窗台、屋顶以及每个角落（图4-11、图4-12）。然后用高压水枪由上到下、由内向外冲洗，要求无鸡毛、鸡粪和灰尘。然后对鸡舍内所有设备进行彻底检查、整理、维修，并进行试运行。供电设备、控温设施等要认真检修。

图4-11　清理场区

图4-12　清理打扫后的鸡舍

待鸡舍干燥后，用3%～5%火碱消毒液从上到下对鸡舍的墙壁、顶棚、地面、外墙壁和场内地面、道路等进行喷洒消毒。对工作间、仓库也要严格喷雾消毒一次。因火碱对皮肤有强刺激作用，所以操作时要戴好防护设备，如橡胶手套、穿胶制防护靴等。

撤出的设备，如饮水器、料桶、垫网等，选用腐蚀性弱的消毒液浸泡30分钟，然后用清水冲洗，置阳光下暴晒2～3天，搬入鸡舍。

完成上述任务后，空舍2周以上再安排下一批进鸡。

进鸡前6天，所有使用器具全部放入鸡舍，用火焰喷射器把鸡舍墙壁、地面及舍内所有耐高温的用具设备喷烧一遍；如果是地面平养，则应在火焰消毒地面墙壁后，把干燥的垫料按要求铺好（图4-13至图4-16）。然后把门窗等鸡舍与外界通气的地方用塑料布或报纸密封，用福尔马林和高锰酸钾（每立方米用高锰酸钾21克、福尔马林42毫升）进行熏蒸消

图4-13　笼具火焰消毒

毒24小时以上，鸡舍内温度20～25℃、湿度65%以上才能达到最佳消毒效果。然后打开门窗或排风机通风，即完成鸡舍彻底消毒工作。应特别注意，盛放福尔马林和高锰酸钾要选用耐高温、坚固的容器（如搪瓷脸盆），体积要比实际计算用量大1～2倍，以防止发生化学反应时溅出；必须先放高锰酸钾，后放福尔马林，以防溅伤操作人员，倒入后人员立即撤离（图4-17至图4-21）。

图4-14　料槽火焰消毒

图4-15　墙壁火焰消毒

图4-16　地面火焰消毒

图4-17　高锰酸钾

图4-18　先倒入高锰酸钾

图4-19　甲　醛
（先配成含36%～40%甲醛的溶液，
即成福尔马林）

图4-20　倒入福尔马林溶液

图4-21　强化学反应——气体消毒

以上过程可总结为五步消毒法：即一扫、二洗、三喷、四空、五熏。完成以上程序后，就完成了鸡舍准备工作。此后人员进鸡舍，必须换工作服、工作鞋，脚踏消毒液。

鸡舍门口设脚踏消毒池（长、宽、深分别为0.6米、0.4米和0.08米）或消毒盆，消毒液每天更换一次，工作人员进入鸡舍，必须脚踏消毒液、洗手、穿工作服和工作鞋。工作服不能穿出鸡舍，饲养期间每周至少清洗消毒一次（图4-22、图4-23）。

图4-22　消毒垫

图4-23　脚踏消毒盆

2.按进鸡计划数准备所需物品　如饲料、多维葡萄糖（图4-24）、多维电解质；常用药品，如消毒药类——环境消毒、饮水消毒，抗球虫药、抗细菌药等，联系好疫苗供应商，疫苗需冷藏保存，最好随用随购买，或购置冰箱按要求保存。

准备好各种报表：日报表、体重记录表、

图4-24　多维葡萄糖

温度记录表、免疫记录表等。

3.准备好相关设备 按第二章第三节第二条饲养设备参数要求布好开食盘、饮水器，为便于饲养管理，防止鸡只扎堆，应做好小围栏，围栏网高45厘米，围栏面积4米×4米左右，每个小围栏容纳500只雏鸡。围栏可用拦网、电网等制作。门口及其他易进风的地方用工程布或硬纸片遮拦，防止贼风侵入（图4-25、图4-26）。

图4-25 小围栏

图4-26 靠门口围栏

4.预热试温 无论采用何种饲养方式，在进鸡前2～3天都要做好鸡舍的预热试温工作，使其达到标准要求，并检查能否恒温，发现问题及时调整。尤其是冬季育雏时，提前预温，有利于鸡舍获得稳定的育雏温度。另外，提前预温还有利于排除残余的福尔马林气体和潮气。如用烟道或煤炉供温，还应注意检查排烟及防火安全情况，严防倒烟、漏烟及火灾。雏鸡入舍前12小时育雏室温度必须达到34℃（冬季36℃）。温度对雏鸡早期的成活率至关重要。

应于鸡舍前中后三个部分选合适位置分别放置温度计（不在热源附近），高度：感应球应与雏鸡脊背保持水平，前后温差不超过2℃～5℃（图4-27）。

（二）日常饲养管理

1.雏鸡运输 向车上装鸡盒要留有足够的空隙，以防空气不流通，造成雏鸡缺氧和车内高温，进而导致雏鸡死

检查温、湿度

图4-27 检查温、湿度

亡，夏季尤其要注意这方面问题。运输时保温与通风两者不能同时兼顾时，应重点考虑通风，因为雏鸡开食开水前，相对而言对温度不是太敏感。生产实践中经常出现运输过程中用棉被保温而把雏鸡大批捂死的案例（图4-28）。

图4-28 运 输

2.养殖环境的控制 包括温度、湿度、光照、通风等方面。其具体要求可参考本章"二、环境控制指标"的相关介绍。

3.质量检查与分群 根据第一章雏鸡质量的相关内容，挑出弱鸡，单放一栏，以便重点管理（图4-29至图4-32）。

图4-29 手握雏鸡检查

图4-30 检查雏鸡腹部

图4-31 雏鸡肛部检查

图4-32 雏鸡群体观察

4.饮水与开食 雏鸡入舍后首先供给水质良好、水温达室温（小鸡到达前4小时，给水预温）、清洁的饮水，以防止其脱水。第一天可在饮水中添加3%～5%的多维葡萄糖以及多维电解质，以增强鸡体的抗病力。葡萄糖饮用天数不能过多，否则雏鸡易出现糊肛现象。雏鸡入栏后，要安排足够的人手教雏鸡饮水（将雏鸡的喙浸入水中）。鸡舍灯光要明亮，让饮水器里的水或乳头悬挂的水滴反射出光线，以吸引雏鸡喝水。若使用真空饮水器喂水，则要求每4～6小时擦洗一次饮水器。

雏鸡开始饮水后进行第一次喂料，也叫开食。开食时间应考虑雏鸡存放、运输时间，即卵黄吸收的程度，如果存放时间与运输时间不长，则可在饮水后6小时进行；如果存放与运输时间过长，雏鸡卵黄基本全部被吸收，则饮水后2小时开食。即根据卵黄吸收程度在2～6小时把握开食时机。尽量将开食盘或塑料布（纸垫）均匀摆好，第一次添料可多添一些，以方便雏鸡能很快吃到料，以后则应少添勤喂，这样做可刺激雏鸡的食欲。最好使用颗粒破碎料，方便小鸡采食。每次添料时，应及时清理料盘里的旧料，并定期清洁料盘，尽量保证每个小围栏每天的喂料量基本相同。个别不吃料的雏鸡要人工辅助采食（图4-33至图4-35）。

图4-33　雏鸡开食

图4-34　雏鸡的开食饮水

图4-35　换　水

5. 日常饮水与饲喂

（1）**饮水** 保障饮水供应，整个饲养周期除饮水免疫控制雏鸡饮水外，应一直保证水的充足供应。第一周用温度与舍温相同的温开水，以后改用深井水或自来水。饮水器应摆放均匀，每天清洗消毒1～2次。尽量记录雏鸡每天的饮水量。鸡舍温度与鸡的饮水量有关。鸡只饮水量见表4-5。

表4-5 不同温度不同周龄每1 000只鸡大约饮水量

周龄	21℃	26℃	32℃
1	30	34	38
2	60	81	102
3	91	150	208
4	121	196	272
5	155	244	333
6	185	287	390
7	216	322	428

（2）**饲喂** 喂养肉用仔鸡比较理想的料型是前期（0～2周龄）使用破碎料，中后期（2周龄后）使用颗粒料。破碎料与颗粒料的适口性好、营养全面，可促进鸡只采食，减少饲料浪费，并提高饲料转化率。粉料的饲喂效果则较差。

肉仔鸡可自由采食或定期饲喂，采用自由采食的方式，应本着少给勤添的原则，适当增加饲喂次数，既可以刺激鸡的食欲，又可尽量保持饲料新鲜，防止饲料发霉，减少浪费.可每间隔2～4小时饲喂一次。饲喂次数的多少也与鸡的日龄、喂料方式、料型和器具类型等有关。

（3）**饲喂次数** 1～3日龄，2小时喂料一次，少加勤添，等鸡吃饱后结束。4～6日龄，4小时喂料一次，同时掌握每天30分钟空食时间。7～10日龄，14：00～16：00将料桶提起空食，其他时间自由采食。11～35日龄，11：30～16：30将料桶提起空食，其他时间自由采食。36日龄至出栏，14：00～16：00将料桶提起空食，其他时间自由采食。以上饲喂方法可有效防止腹水症和猝死症的发生率。

饲料要贮存在阴凉、通风、干燥处，地面应用木棍或其他如石块、水泥条等物垫起，最好距地面10～20厘米。料袋不要紧靠墙壁。贮存饲料时间一般不要超过15天，以免饲料里的有效维生素失效。饲料使用前应注意检查其生产日期及是否发霉、结块、变质等。霉变、超过保质期的饲料不能喂鸡。

（4）**饲料**　按鸡只每个生长阶段提供相应的饲料。一般采用逐步过渡换料法，即雏鸡料过渡到第二阶段料（中鸡料），第一天喂3/4育雏料、1/4中鸡料，第二天育雏料、中鸡料各喂1/2，第三天喂1/4育雏料、3/4中鸡料，第四天为中鸡料，一般过渡期为3天以上。中鸡料过渡到大鸡料可采用同样方法。

6.**鸡群观察**　经常观察鸡群是肉鸡管理的一项重要工作。通过观察鸡群，养鸡者可随时了解鸡群的健康与采食情况，及时挑出病、弱、死鸡，以便加强管理，及早预防疾病。

（1）**观察行为、运动状态**　正常情况下，雏鸡反应灵敏，活泼，挣扎有力，叫声洪亮而脆短，眼睛明亮有神，分布均匀。如扎堆或站立不卧，闭目无神，叫声尖锐，拥挤在热源处，则说明育雏温度太低；如雏鸡撑翅伸脖，张口喘气，呼吸急促，饮水频繁，远离热源，则说明温度过高（图4-36）；雏鸡远离通风口，则说明有贼风。颈部弯曲、头向后仰、呈现星状或扭颈，是新城疫或维生素B_1缺乏所致；翼下垂、腿麻痹，呈劈叉样姿势，主要见于神经型马立克病，有时维生素

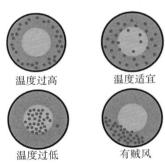

温度过高　　　　温度适宜

温度过低　　　　有贼风

图4-36　温度观察

B_1缺乏也可引起，只是发病日龄较小。发生腹水症时，腹部膨大、下垂、呈企鹅样站立或行走，按压腹部有波动感；动作困难或鸭步样常见于佝偻病或软骨病；维生素B_2缺乏可导致爪向内卷曲。

（2）**观察羽毛**　健康鸡的羽毛平整、光滑、紧凑（图4-37）。羽毛蓬乱、污秽、失去光泽，多见于慢性疾病或营养不良；羽毛断落或中间折断，多见于鸡疥癣、啄羽症；幼鸡羽毛稀少，是烟酸、叶酸和泛酸缺乏的表现。用手逆拔鸡毛，可检查是否有食羽虱寄生。

（3）**观察粪便** 正常的粪便为青灰色，成堆形，表面有少量的白色尿酸盐（图4-38）。当鸡患病时，往往排出异样的粪便，如排水样稀便多由鸡舍湿度大、天气热、饮水多引起；血便多见于球虫病、出血性肠炎；白色石灰水样稀粪多见于鸡白痢、传染性法氏囊病、传染性支气管炎、痛风等疾病；绿色粪便多见于新城疫、马立克病、急性霍乱。

图4-37 正常羽毛

图4-38 正常鸡粪

（4）**观察呼吸** 当天气急剧变化、接种疫苗后、鸡舍氨气含量过高和灰尘多的时候，容易激发鸡呼吸系统疾病，故在此期间应注意观察鸡只呼吸频率和呼吸姿势，有无鼻涕、咳嗽、眼睑肿胀和异样的呼吸音。当鸡患新城疾、慢性呼吸道病、传染性支气管炎、传染性喉气管炎时，常发生呼噜或喘气声，夜间特别明显。

（5）**观察鸡爪** 脚底外伤，多是由垫网过硬或湿不当引起；环境温度过高、湿度过小易引起爪干裂。若垫网有毛刺、接头间未处理以及其他易引起外伤的因素存在，则鸡只易感染葡萄球菌，引发腿病。

（6）**观察鸡冠及肉垂** 正常时，鸡冠、肉垂呈湿润、稍带光泽的鲜红色。鸡冠呈紫黑色，常见于盲肠肝炎或鸡濒死期；鸡冠苍白，可见于住白细胞原虫病、内脏破裂等。冠及肉垂上有突出于表面、大小不一、凹凸不平的黑褐色结痂，是皮肤型鸡痘的特征。肉垂单侧肿胀，往往是慢性禽霍乱的表现。

（7）**观察鸡眼睛** 正常时鸡眼睛圆而有神，非常清洁（图4-39）。

图4-39 正常鸡眼睛

眼流泪、潮湿，常见于维生素A缺乏症、支原体感染及传染性鼻炎；健康鸡的结膜呈淡红色，若结膜内有干酪样物，眼球鼓起，角膜中有溃疡，常见于鸡曲霉菌病；结膜内有稍隆起的小结节，虹膜内有不易剥离的干酪样物，常见于眼型鸡痘；结膜有针尖大小出血点，可能为喉气管炎；瞳孔缩小、边缘不整，虹膜褪色呈灰白色，为眼型马立克病。

（8）观察饲料、饮水用量　在正常情况下，鸡采食量、饮水量保持稳定的缓慢上升过程（图4-40）。若发现鸡采食量、饮水量明显下降，则可能是鸡发病的前兆（注意与应激引起的鸡只反应相区别）。当发现部分料桶剩料过多，则应注意是否有病鸡存在。

图4-40　正常采食

饲养者应经常观察以上几个方面，发现异常情况及时报告技术人员，不可随意用药。

7.鸡舍管理　应坚持每周带鸡喷雾消毒三次（免疫前中后3天不可带鸡消毒）。鸡舍外场地工作间每天清扫一次，每周消毒一次（图4-41）。

网上养鸡，3周龄前，每周至少清粪两次；3周龄后每天清粪一

图4-41　带鸡消毒

次。鸡粪用饲料内袋盛装，外套饲料外袋，扎口后运到贮粪场。清粪后清扫走道，然后用3%火碱水消毒。清粪的目的有3个：除臭（氨），防止蚊蝇滋生，防止疾病传染。

地面平养中间不清粪，垫料湿时，适当补充干燥垫料；垫料干燥时（鸡活动时引起粉尘，易发呼吸道病），增加带鸡消毒次数或时间。每批鸡出售后彻底清除一次。

饲养人员不得互相串舍。鸡舍内工具固定，不得互相串用，鸡舍内所有用具必须消毒后方可进舍。

（1）弱、残、病鸡隔离　在鸡舍一角隔出一小块地方，将弱鸡、残

鸡、病鸡等在此短期单独饲养观察，以提高成活率和出栏均匀度。

及时捡出死鸡，并装入塑料袋（饲料内袋）密封后焚烧或深埋；及时挑出病鸡、残鸡、弱鸡，隔离饲养（增加料盘及饮水器具），隔离围栏应位于排风口处，严禁置于进风口，防止病原扩散。如发现传染病鸡，要及时淘汰，以防全群传染。

（2）**高温炎热天气的应对措施**　夏季高温炎热易造成肉鸡热应激，表现为采食量下降、增重慢、疾病抵抗力下降、死亡率升高等，严重者中暑和大批死亡。为了消除热应激对肉鸡的不良影响，必须采取综合措施。具体措施：墙体涂白，用白色涂料或6%石灰乳将鸡舍墙面及舍顶涂成白色，增加日光反射，降低舍温。增加通风：设有湿帘降温装置的种鸡舍，实行纵向通风；没有条件的，打开所有门窗、地脚窗、天窗，打开风扇，适当增加风扇的数量，保证鸡舍内通风良好。同时，不能忽视夜间通风。在鸡舍窗上搭遮阳棚或悬挂半透光黑帘，在简易鸡舍顶上覆盖石棉瓦、草帘、稻草、秸秆等隔热材料，在运动场内搭建凉棚。喷水、喷雾降温，在舍顶架设喷水管道，鸡笼顶部安装喷雾装置，对舍顶、鸡笼及鸡体进行喷水、喷雾降温。没有条件的可采用背负式或手压式喷雾器对鸡体喷雾降温。同时开动风机效果更好。降低饲养密度：根据肉鸡上市体重、日龄及抗热应激能力，按品种差异降低饲养密度，保证鸡只有足够的活动空间。及时淘汰病、残、弱鸡。供足清凉的饮水，保证足够的饮水器，水温控制在15～21℃，可在饮水中加入适量的抗热应激、消暑药物。适当调整肉鸡饲料营养浓度，饲料中的能量浓度调整应以使热增耗的产生降至最低限度为原则。可在饲料中添加2%～3%油脂以增加饲料能量浓度；在保持必需氨基酸水平的前提下适当降低粗蛋白质水平，通过增加蛋氨酸、赖氨酸来提高蛋白质的利用率；适当添加维生素，饲料中维生素E、维生素C和B族维生素的添加量可调整为正常量的2～3倍，其他维生素适当增加1～2倍；在鸡饲料或饮水中适量添加电解质，主要有碳酸氢钠、氯化铵和氯化钾等；使用抗热应激添加剂，为防止热应激，在鸡饲料中可添加抗热应激添加剂，如中草药添加剂、微生态制剂、酶制剂、酸化剂等；加强带鸡消毒，既可杀灭病原微生物，又可净化舍内空气，还能降低室温4～5℃。一般在正午最热时带鸡消毒。

（3）**蚊蝇及老鼠的控制**　首先应提高房舍的严密性，鸡舍所有开口处都应用孔径为2厘米×2厘米的铁丝网封闭。可定期使用灭蚊蝇及老鼠的药物或器具，灭蚊蝇和灭鼠应选择符合《农药管理条例》规定的菊酯类杀虫剂和抗凝血类杀鼠剂等高效低毒药物。千万注意不要使药物污染饲料和饮水。舍内灭蝇应选择诱饵而不要选择杀虫剂，诱饵投放在鸡群不易接触到的地方。舍外灭蝇可采用喷洒杀虫剂的方法，最好选择不刮风的时候，以免肉鸡吸入杀虫剂，引起中毒或产生药物蓄积。饲料仓库要特别注意防鼠，老鼠不仅吃料，而且还传播疫病。

舍外、道路不可抛洒饲料，如有抛洒，应及时清除，以减少鸟类在鸡场逗留的机会。

严禁死鸡贩子（为最危险的鸡病病原携带者）入场。

8.肉鸡出场　肉仔鸡体重大、骨质相对脆嫩，在转群和出场过程中，抓鸡装运常容易发生腿脚和翅膀断裂损伤的情况，由此产生的经济损失是非常可惜的。据调查，肉鸡屠体等级下降有50%左右是由碰伤造成的，而80%的碰伤是发生在出场前后。因此，肉鸡出场时尽可能防止碰伤，这对保证肉鸡的商品合格率是非常重要的（图4-42）。

图4-42　待售成鸡

肉鸡出栏最好在晚间或凌晨进行，尽量在弱光下进行，以减少骚动。可在舍内安装蓝色或红色灯泡。

出场前4～6小时使鸡吃光饲料，吊起或移出饲槽及一切用具，饮水器在抓鸡前撤出。

用围栏圈鸡捕捉，抓鸡、入笼、装车、卸车、放鸡时动作应尽量轻，抓鸡最好抓双腿。每笼不能装得过多，否则会造成不应有的伤亡。

尽可能缩短抓鸡、装运和在屠宰厂候宰的时间。肉鸡屠前停食8小时，以排空肠道，防止粪便污染屠宰场。但停食时间越长，掉膘率越大。据测，肉鸡停食20小时比8小时掉膘率高3%～4%，处理得当掉膘率为1%～3%。

9.做好生产记录 正确、详细的记录，不仅可以使饲养员准确地掌握鸡只生长情况，便于管理人员监督调整，也可以作为以后改进工作的参考资料。

生产记录档案包括进雏日期、进雏数量、雏鸡来源、饲养员。

每天的生产记录包括：日期、肉鸡日龄、死亡数、死亡原因、存栏数、温度、湿度、免疫记录、消毒记录、用药记录、喂料量、鸡群健康状况、出售日期、数量（包括只数、总重）。

每天上午6：00，下午2：00记录温度、湿度。

每天记录死淘数、实存数、耗料量、日耗料情况，要分别记录死淘鸡的症状表现和剖检情况。记录消毒、免疫、用药情况。

周末称重，称重在每周最后一晚7：00随机抽样2%称重，每次称重前要校准磅秤。

饲料更换情况。

特殊事故详细记录：包括温度引起的意外事故；环境变化引起的应激，如天气变化、突然停电等；鸡只大批死亡或发病剖检、诊断、处置情况；误用药物；饲料出现问题，如过期、霉变、淋湿、结块等。

（三）优质肉用仔鸡的饲养与管理

优质肉鸡生产与快大型肉用仔鸡生产不同。快大型肉鸡主要追求生长速度，而优质肉鸡注重肉质与外观，即要求上市时冠红、面红、羽毛及皮肤颜色等符合品种要求。

优质肉鸡的营养标准多数采用育种单位推介的营养水平。一般来说，优质肉鸡的营养需要在大型肉鸡的基础上适当降低，蛋白质降低4%～6%，能量降低2%～3%，氨基酸、微量元素水平与蛋白质同步降低。

优质肉鸡可采取笼养、网上平养、地面平养、牧坡和果园放养。

优质肉用仔鸡的育雏期时间较长，要合理安排饲养。优质肉鸡蛋重小、雏鸡的初生重小，需要较高的育雏温度，比一般育雏要求高1～2℃。

优质肉用仔鸡饲养时间较一般快大鸡长，免疫不可忽视，免疫程序一般较快大型鸡复杂，应根据实际情况制定免疫程序，按免疫程序进行免疫。

优质肉用仔鸡的饲养时间长，公母鸡的营养要求不同，上市日龄和体重要求不同，故与快大型肉鸡饲养相比，优质肉鸡公、母应分开饲养。具体要求如下：

按公母分别调配适宜的日粮，公鸡日粮的蛋白质水平比母鸡提高2%～4%。前期温度公鸡比母鸡高1～2℃，后期则低1～2℃，公雏育雏舍内温度下降幅度可大些，以促进羽毛生长；一般8周龄时公鸡要比母鸡重25%～30%。因此，公鸡的饲养密度要低于母鸡。母鸡在7周龄以后，其增重速度相对下降，饲料消耗增加，这时便可以出售。而公鸡到9周龄以后生长速度才降低，因此，公鸡可比母鸡晚出售2周，以充分发挥公鸡的生长潜力。

第五章 卫生防疫与疾病控制

一、肉鸡场的生物安全措施

维持肉鸡场的生物安全是肉鸡养殖必不可少的，但需要各方面综合努力才能奏效：如鸡场选址、全进全出的饲养方式、隔离饲养、日常消毒、适时免疫、预防性用药、饲料营养及环境等。

（一）搞好环境卫生

肉鸡生产的基础是有一个稳定的生产环境。肉鸡体重虽然很大，但很娇嫩，日龄也很小，对环境的适应能力和抗病能力都较弱。肉鸡的管理工作，必须以维持舍内适宜的环境为中心，在加强鸡舍环境控制能力上下大工夫。

（1）鸡场内部及外部环境应建立生物防疫屏障，根据天气情况，每3个月对鸡场内外主要道路进行一次彻底消毒，可用3%～5%的氢氧化钠消毒，并定期清扫鸡场的道路。

（2）场内污水池、下水道口、清粪口每月用漂白粉消毒一次。

（3）及时清理场区杂草，整理场内地面，排出低洼积水，疏通水道，做好污水排放和雨水排放工作，消除病原微生物存活的条件。

（4）有条件的鸡场最好每年将鸡场的表层土壤翻整一次，以减少鸡场环境中的有机物，也利于环境消毒。

（二）消毒和隔离

1.肉鸡场的消毒

（1）鸡场场区的消毒 在鸡场有入口的地方设立固定的消毒设施，

可用火碱水消毒池或紫外线灯以及喷雾消毒设备，对进入场区的车辆或人员进行消毒。定期或随时在整个场区进行喷洒消毒，利用高压喷洒装置在场区内喷洒火碱水等消毒剂（图5-1）。

图5-1　消毒通道

（2）鸡舍消毒　在鸡群转出或出栏之后，应清除垫料等一切可移动物品，打扫舍内，冲洗干净，然后用消毒剂消毒，以杀灭地面、墙壁和设备上残留的病原体，然后进行熏蒸消毒以杀死缝隙和空气中的病原体。消毒后空舍数天，再次使用时，养鸡所用的设备、垫料连同鸡舍再次严格消毒（图5-2、图5-3）。

图5-2　清洗鸡舍

图5-3　熏蒸消毒

（3）带鸡消毒　这种方法是将消毒药品直接饮喂、气雾或喷洒在鸡体上。带鸡消毒的关键是选择杀菌作用较强而对鸡体无毒的消毒药品。常用的消毒剂有百毒杀、过氧乙酸、强力金碘等（图5-4）。

（4）工作服和手的消毒　工作服最易受污染和传播病原，因此要经常清洗、晒干。发生传染病时，工作服可高温蒸煮、新洁尔灭浸泡或福尔马林熏蒸消毒。手的消毒可用

图5-4　带鸡消毒

来苏儿或新洁尔灭溶液浸泡，然后清水冲洗。

2.肉鸡场的隔离　并不是所有的肉鸡生产者都遵循正确的疾病控制原则，那些忽视正确原则的鸡场会因此而发病。同时发病鸡场里的病原体，会因风吹或其他各种媒介而传到邻近的鸡场。鸡场之间的距离越近，从感染场向健康场散播的可能性越大。因此，即使在管理良好的鸡场，也会发生疾病入侵问题。如果在鸡场设计建造时，就树立禽场隔离的思想，许多严重的疾病问题是可以避免的。由于要求的间距受风向、气候、房舍式样和其他因素的影响，同其他养鸡场的距离是很难确定的，但距离越远，从邻近鸡场传来疾病的可能性也就越小。发病鸡场内隔离病鸡和可疑感染鸡也是防控疾病的重要措施。隔离病鸡是为了控制传染源，防止健康鸡只继续受到传染，以便将疫情控制在最小范围内并及早扑灭。为此，鸡场发生传染病时，首先应查明传染病在鸡群中蔓延的程度，然后根据检查结果，将全群鸡只分为病鸡、可疑感染鸡、假定健康鸡三类，以便分别对待。

（1）病鸡　病鸡是危险性最大的传染源。应选择不易散播病原体、消毒处理方便的地方进行隔离。隔离场所禁止闲杂人员出入和接近。工作人员出入应遵守消毒制度。隔离区内的用具、粪便、饲料等，未经消毒处理不得运出。没有治疗价值的病鸡应及早淘汰。

（2）可疑感染鸡　未发现任何症状，但与病鸡及其污染的环境有过密切的接触，这类鸡只有可能处在疾病的潜伏期，并有排毒的危险，应在消毒后另选地方将其隔离，限制活动，细心观察，出现症状的按病鸡处理。有条件的可以立即进行紧急免疫接种或预防性治疗。

（3）假定健康鸡　除上述两类外，疫区内其他易感鸡都属于此类。应与上述两类鸡严格隔离饲养，加强防疫消毒和相应的保护措施，必要时立即进行紧急免疫接种。

（三）免疫程序的制定

免疫程序的制定受多方面因素影响，即使是同种疫（菌）苗，在不同养鸡场、不同饲养方式等情况下，免疫程序也不可能完全相同。因此，要达到最佳免疫效果，就应根据鸡群疫病的种类、疫苗的特性、免疫有效期、肉鸡机体免疫状况等不同，制定切实可行的免疫程序。

1.根据疫情制定　根据本鸡场、本地区疫病发生的实际情况，确定所需接种的疫苗。一般情况下，当地有该病流行或可能受威胁，且有疫苗可预防的应重点进行免疫接种。没有威胁或当地从未发生过的疫病可不接种。否则，不但浪费人力物力，还会使疫病的血清学诊断复杂化，甚至因接种的各个环节处理不当，引起鸡群感染发病。

2.根据机体状态制定　要根据肉鸡的日龄、免疫状态、饲养周期、疫病流行病学特点等制定适宜的免疫日期和次数。比如，对雏鸡初次免疫时，要考虑母源抗体水平。过早接种，可能会因鸡体内母源抗体的中和作用而使疫苗失效或减效；过迟接种，又会增加感染的危险。同样，如需强化免疫时，也必须注意鸡体内抗体的残存量。一般两次疫苗接种需间隔7～10天，类毒素需间隔6周以上；使用弱毒活苗时，常常只需接种一次。蛋种鸡的免疫接种最好安排在开产前进行，以免影响产蛋。

3.根据疫苗性质制定　根据疫苗的免疫特性、产生免疫力的时间及免疫期的长短不同，选择适当的疫苗。一般情况下应首先选用毒力弱的疫苗作基础免疫，然后再用毒力稍强的疫苗进行加强免疫。

免疫程序的制定受多方面因素的影响，不能随便硬性统一规定，各鸡场相应鸡群的免疫程序要根据鸡场的具体情况适时调整。现列举几种免疫程序作参考，见表5-1至表5-3。

表5-1　商品肉鸡的免疫程序

日　龄	疫苗及免疫方式
3日龄	用传染性支气管炎H_{120}疫苗点眼或滴鼻
7～10日龄	用新城疫Ⅱ、Ⅳ系或N-79疫苗点眼、滴鼻或饮水
12～14日龄	用传染性法氏囊病弱毒苗点眼、滴鼻或饮水
20～22日龄	用传染性法氏囊病中毒苗饮水
24～26日龄	用新城疫Ⅱ、Ⅳ系或N-79疫苗点眼、滴鼻或饮水

表5-2　疫病高发鸡场的免疫程序

日　龄	疫苗及免疫方式
1日龄	用火鸡疱疹病疫苗肌内注射或皮下注射
4日龄	用传染性支气管炎H_{120}疫苗点眼或滴鼻
7～10日龄	用新城疫Ⅱ、Ⅳ系或N-79疫苗点眼或肌内注射

（续）

日　龄	疫苗及免疫方式
12 ～ 14 日龄	用传染性法氏囊病弱毒苗饮水
20 ～ 22 日龄	用传染性法氏囊病中毒苗饮水
25 ～ 26 日龄	用新城疫IV系疫苗饮水
28 ～ 30 日龄	用传染性支气管炎H_{52}疫苗饮水或点眼

表5-3　肉种鸡的免疫程序

日　龄	疫苗及免疫方式
1 日龄	用火鸡疱疹病疫苗肌内注射或皮下注射
4 日龄	用传染性支气管炎H_{120}疫苗点眼、滴鼻或饮水
8 ～ 10 日龄	用新城疫II、IV系或N-79疫苗点眼、滴鼻或饮水
16 ～ 18 日龄	用传染性法氏囊病中毒苗饮水
24 ～ 25 日龄	用鸡痘弱化弱毒苗刺种
28 ～ 30 日龄	用传染性法氏囊病中毒苗饮水
38 ～ 40 日龄	用传染性支气管炎H_{120}疫苗点眼、滴鼻或饮水
44 ～ 45 日龄	用新城疫油乳剂灭活苗肌内注射或皮下注射
48 ～ 50 日龄	用鸡传染性喉气管炎弱毒苗点眼或滴鼻
115 ～ 120 日龄	用ND-EDS-76油乳剂联苗肌内注射或皮下注射
125 ～ 130 日龄	用传染性法氏囊病灭活苗肌内注射或皮下注射

　　以上推荐的免疫程序中"高致病性禽流感"根据国家制定的免疫程序及方法进行。

（四）疫苗剂量和免疫方法的确定

　　1.确定合适的接种剂量　剂量过小，不能有效地刺激机体产生免疫反应；剂量过大，又会抑制免疫反应，引起免疫麻痹。接种剂量一定要根据产品说明书确定，不能随意增减。免疫方法要根据养禽规模、疫苗特性及使用要求决定，尽量做到方便、易行，保证效果确实、可靠。分别使用几种疫苗时，应安排适当间隔时间，一般不同疫苗应间隔7 ～ 10天接种，以防止相互干扰，影响免疫效果。

由于鸡体在应激状态下可产生较大的生理性变化，致使免疫力下降，甚至不产生免疫力。因此，在应激期间一般不进行免疫接种，而是通过加强其他防疫措施，做好隔离、消毒和卫生工作，待应激消失后再进行免疫。如在鸡群暴发球虫病时免疫，免疫后其免疫抗体急剧下降，免疫保护期比正常状态缩短，因此，应在鸡体康复后重新免疫。

2.**使用正确的免疫方法**　应首先确立最佳免疫时期，制定严格的切合本场实际的防疫程序。种鸡场提供的免疫程序仅供参考，要结合鸡场实际情况，灵活调整免疫程序。免疫后应定时对免疫效果进行分析，以便合理地调整，使免疫程序既科学有效又简便易行。

在实际免疫过程中，一般10日龄以下的雏鸡，以点眼、滴鼻为主；10日龄以上中高日龄的鸡，则以饮水、喷雾为主。

不同的疫苗免疫接种方法不同，主要方法有滴鼻、滴眼、饮水、刺种、注射和气雾免疫等。

（1）**滴鼻与点眼**　一般用滴管或眼药水瓶。先用1毫升水试一下，看有多少滴，以便于稀释疫苗时考虑剂量。滴鼻时左手握鸡，使鸡只一个鼻孔朝上，另一个鼻孔用手堵住，右手拿滴管或眼药水瓶将疫苗滴入鸡的鼻孔。点眼时每只眼只能滴一滴，要看到疫苗确实被鸡吸进鼻孔或在眼内，才能将鸡放开。还可用5毫米玻璃注射器装7号针头（最好将针头磨秃）做为免疫用工具。按照每毫升约能滴40多滴的剂量计算，每100羽鸡需用稀释液5毫升（图5-5）。

图5-5　滴鼻点眼免疫

（2）**饮水免疫**　此法是将疫苗用水稀释后供鸡饮服，该法较为省力，但影响因素较多：第一，所用饮水不含消毒剂；如用井水，应煮沸后经冷却及沉淀杂质后再用。第二，饮水中最好先加入3%的鲜牛奶或0.5%的脱脂奶粉，以避免疫苗病毒在饮水中的失活。第三，疫苗水必须在2小时内饮完，同时保证每只鸡都能饮到，须掌握好停水时间和用水量。一般饮水前停水3～5小时（夏季短些，冬季长些），具体应根据当时天气灵活掌握。同时多设置一些饮水器，保证每只鸡都能饮到水。第四，可使用陶瓷或无毒塑料饮水器，塑料的以旧一些的为好，不能使用金属饮水器。第五，开始饮水免疫前要停止喂料，免疫后一小时再喂料。

（3）**刺种**　接种鸡痘弱毒疫苗时用此法。可用刺种针，蘸取稀释好的疫苗在鸡翅膀内侧无羽毛、无血管处刺入，只要刺破皮肤即可（图5-6）。

图5-6　翼膜刺种

（4）**肌内注射**　稀释液用注射用水，每只鸡注射量为0.2 ～ 1毫升，用连续注射器或玻璃注射器装上7号针头，注射于胸肌（斜插，不能刺入胸腔或腹腔内）（图5-7）或大腿外侧肌肉内（图5-8）。

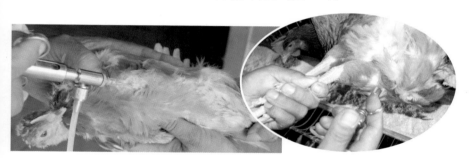

图5-7　胸部疫苗注射　　　　　　　　图5-8　腿部外侧肌内注射

（5）**皮下注射**　常用于油乳剂苗，可选用9号针头，注射于鸡颈部或胸部皮下，将注射部位皮肤用左手的拇指和食指捏起来，针头接近水平刺入，注射后有一个小隆起（图5-9）。

（6）**气雾免疫**　将稀释好的疫苗用喷枪喷成极细的雾化粒子，均匀地悬浮于空气中，鸡在自由呼吸中，将疫苗吸入肺内而达到免疫。

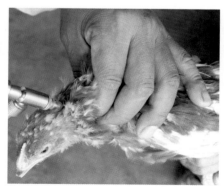

图5-9　颈部皮下注射

气雾免疫应注意：①严格控制雾滴的大小，雏鸡用雾滴直径为30～50微米，成鸡为5～10微米。②喷雾期间应关闭鸡舍所有的门窗，停止使用风机，喷雾后20～30分钟才能开启门窗和启动风扇。③气雾免疫时，鸡舍的温度应适宜，相对湿度应在70%左右。④气雾喷头在鸡群上空50～80厘米处，对准鸡头来回移动喷雾，以鸡群在气雾后头背部羽毛略潮湿为宜（图5-10）。

图5-10　气雾免疫

二、鸡常见病临床诊断及防治

（一）鸡新城疫

1.流行特点　鸡新城疫是由鸡副黏病毒引起的一种急性、高度接触性传染病。在自然条件下，该病主要发生于鸡、鸽和火鸡。传染源主要是病鸡和带毒鸡，自然途径感染主要经呼吸道和消化道，其次是眼结膜。一年四季均可发生，但以冬春季发生较多，尤其是春节前后流行频繁。

2.临床症状　发生于各日龄的鸡。急性病例病初体温升高，一般可达43～44℃。采食量下降，精神不振。眼半闭或全闭，呈昏睡状态。鸡冠、肉髯呈暗红色或紫黑色。呼吸困难，常张嘴伸颈呼吸（图5-11）。腹泻，粪便呈黄绿色（图5-12），恶臭。病程后期鸡群中可见一定比例的后遗症病鸡，表现为腿麻痹或头颈歪斜

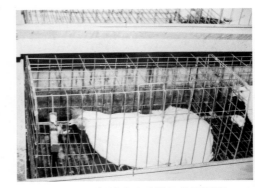

图5-11　新城疫病鸡张口伸颈呼吸

（图5-13）。有的鸡看起来和健康鸡一样，但当受到外界惊扰等刺激时，则突然向后仰倒，全身抽搐或就地转圈，过几分钟后又恢复正常。

图5-12　黄绿色粪便

图5-13　转头的神经症状

开产前使用过鸡新城疫油乳剂灭活疫苗的鸡群，开产后，较长时间没有进行弱毒疫苗的黏膜局部免疫，则易发生非典型新城疫，一旦发生，往往鸡群整体情况良好，个别发病鸡的临床症状较轻微，主要表现为呼吸道症状和神经症状，褐色蛋褪色，呈土黄色或纯白色（图5-14），数量随病程的延长而增加，同时产蛋量明显下降，软蛋增多，少数鸡发生死亡。仔细观察粪便发现有黄绿色稀粪。

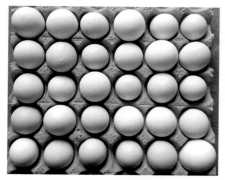

图5-14　褐壳蛋颜色变白

3.剖检病变　典型病例特征性病理变化是腺胃乳头出血（图5-15），胃壁肿胀，覆盖有淡灰色黏液；用手挤压乳头，常流出白色豆渣样物质。食管与腺胃交界处有小出血点，腺胃与肌胃之间有带状出血，有时有溃疡。肌胃角质膜下黏

图5-15　腺胃乳头出血

膜出血（图5-16）。十二指肠黏膜有大小不等的出血点，病程稍长者可见岛屿状出血，严重者形成溃疡。两盲肠扁桃体肿大（图5-17）、出血（图5-18）甚至坏死。直肠黏膜肥厚、出血。气管内有大量黏液，黏膜充血，偶见出血。

非典型病例病变不典型，病死鸡嗉囊积液，腺胃与食管、腺胃与肌胃交界处少数可见有出血斑，直肠与泄殖腔黏膜可见出血，偶见十二指肠、蛋黄蒂下端及盲肠中间的回肠出现枣核样的出血、溃疡（图5-19）。鼻窦肿胀、充血，喉头出血，气管内有大量黏液，气囊混浊并有干酪样分泌物，心冠脂肪有出血点。

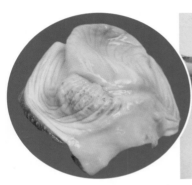

图5-16　肌胃黏膜下层出血

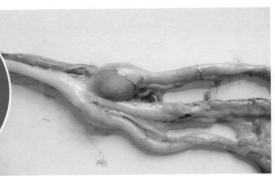

图5-17　盲肠扁桃体肿大

图5-18　盲肠扁桃体出血

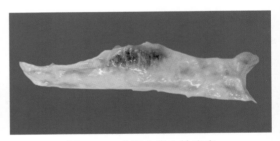

图5-19　小肠内出血性溃疡

4.防制

（1）预防

1）日常卫生管理　①经常了解疫情，严禁从发病地区或受威胁地区引进雏鸡；②禁止买鸡人、运输车辆等进入鸡场生产区；③鸡场和鸡舍门口设置消毒池，消毒液一般3天更换一次；④据本场的情况，制定合理的鸡舍消毒程序；⑤严防鸽子、麻雀等动物进入鸡舍。

2）制定合理的免疫程序　主要是根据雏鸡的母源抗体水平来决定首

免时间，以及根据疫苗接种后的抗体滴度和禽群生产特点，来确定加强免疫的时间。

　　3）正确选择疫苗　我国常用的鸡新城疫疫苗分两大类，一类是活疫苗，如Ⅰ系苗、Ⅱ系苗、Ⅲ系苗（F系）、Ⅳ系苗和一些克隆化疫苗（如克隆－30等）。其中，Ⅰ系苗的毒力最强，不适宜在未做基础免疫的鸡群中使用。如不得已要将该疫苗用于雏鸡，必须严格控制使用方法和用量。另一类是灭活疫苗，如油佐剂灭活苗，这两类疫苗常配合使用，也可将弱毒活苗与其他疫苗制成多联苗使用。

　　4）正确选择免疫接种方法　常用接种疫苗的方法有滴鼻、点眼、饮水、注射和喷雾。

　　（2）治疗　一旦发生新城疫，应采取严格的场地、物品、用具消毒措施，并将死鸡深埋或焚烧。

　　对于疑似患非典型新城疫的鸡群，可用Ⅳ系疫苗2～3倍剂量进行滴鼻、点眼紧急接种，以控制流行。中雏以上可肌内注射两倍量的Ⅰ系苗。

（二）鸡传染性法氏囊病

　　1.流行特点　鸡传染性法氏囊病是由鸡传染性法氏囊病病毒引起鸡的一种高度接触性传染病。只有鸡感染后发病，不同品种的鸡均易感染，4～6周龄的鸡最易感，但散养土鸡较少发生。病鸡和带毒鸡是该病的传染源，其排出的粪便，污染的饲料、饮水、工具以及鸡场的工作人员皆可以机械带毒成为该病的传染源。该病以水平传播为主，但病毒也可通过蛋进行垂直传播。

　　2.临床症状　发生于育雏阶段。初期发现个别鸡精神不振，羽毛蓬乱，食欲减退，第二天可见十几只甚至几十只雏鸡有以上同样症状，且排出白色水样稀粪（图5-20）。

　　3.剖检病变　典型特征是病初法氏囊肿大1.5～2倍，表面及周围脂肪组织水肿，有黄色胶

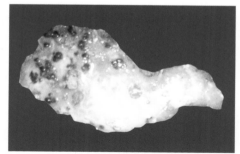

图5-20　白色水样稀粪

冻样渗出物，严重的法氏囊呈"紫葡萄"样（图5-21）；切开后其内黏液

较多，有乳酪样渗出物，严重者皱褶有出血点、出血斑或表现弥漫性出血。脱水，胸部、大腿肌肉条纹或片状出血（图5-22）。腺胃、肌胃交界处有带状出血。肝脏可见带状黄色区。肾肿大，色苍白，花斑样（图5-23），有尿酸盐沉积。

图5-21 法氏囊出血，紫葡萄样，切面皱褶增宽出血

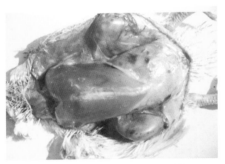

图5-22 腿部肌肉出血斑块

图5-23 花斑样肾脏及出血的法氏囊

4.防制

（1）预防 ①加强卫生防疫措施，控制强毒污染。②选用合适的疫苗，在法氏囊病发生比较普遍的地区最好不用弱毒疫苗，以中毒疫苗为主，或选用变异株疫苗。如现有疫苗无效，可用当地病死鸡法氏囊组织作油佐剂灭活苗，针对性强、效果好。③合理的免疫程序，应根据1日龄雏鸡琼脂扩散（AGP）母源抗体阳性率制定。按雏鸡总数0.5%抽检，当AGP阳性率≤20%时应立即进行免疫，为40%时在10日龄和28日龄各免疫1次，AGP60%～80%时17日龄首免，AGP阳性率≥80%时应在10日龄再次监测。如果AGP阳性率小于50%则应于14日龄首免，大于50%在24日龄首免。如无监测条件，若种母鸡未接种过法氏囊灭活苗，且估计母源抗体较低时，可于1日龄首免，18日龄再次免疫；若种母鸡接种过法氏囊灭活苗，估计母源抗体较高时，可在18～20日龄首免，30～35日龄再次免疫。也可首免后每隔1周加强免疫1次，共2～3次。种母鸡

开产前应用油佐剂灭活苗加强免疫，使子代获得水平高的均一的抗体，能有效防止雏鸡早期感染，也有利于鸡群免疫程序的制定和实施。④对于病鸡舍，空舍后要进行严格的清理和消毒，具体方法为"清、洗、烧、消"。清：即清理和清扫，空舍后及时清理鸡笼上和粪盘里残留的粪便、食槽中残留的饲料，然后用一般的消毒液喷洒整个鸡舍、笼具、墙壁、窗户及顶棚等，以表面潮湿为度，最后进行彻底的清扫。注意将以上粪便、残留饲料和清扫出的垃圾，进行覆盖发酵或深埋等无害化处理。洗：用预防量的消毒液（对笼具有腐蚀作用的除外）对整个鸡舍进行彻底的冲刷清洗；笼具和粪盘应在专用的清洗池中浸泡后清洗。烧：待笼具、粪盘、鸡舍墙壁等晾干后，用煤气或酒精喷灯，进行全面的火焰烧灼，但应注意防火，不得使被烧灼的用具变形或损毁。消：用过氧乙酸或高锰酸钾和福尔马林溶液对鸡舍、笼具、粪盘、饮水器、粪盘、底网及其用具等进行熏蒸消毒。

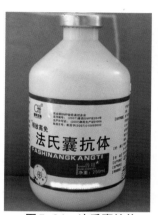

图5-24　法氏囊抗体

（2）**治疗**　由于该病毒对一般消毒液的抵抗力较强，所以对症和对因治疗同样重要。①消毒，选用碘制剂消毒液对病鸡舍环境喷雾消毒，每天1次，共7天，然后每周2次。②用法氏囊蛋黄抗体注射液（图5-24），每只鸡1～2毫升，肌内注射一次，或用高免血清每只鸡0.5毫升，肌内注射一次。③用肾肿解毒药按说明自由饮水7天。

（三）高致病性禽流感（H_5亚型）

1.流行特点　禽流行性感冒是由正黏病毒科A型流感病毒属的成员引起禽类的一种急性高度接触性传染病。鸡和火鸡高度易感，其次是珠鸡、野鸡、孔雀，鸽不常见，鸭和鹅不易感。该病可通过消化道传染，也可通过呼吸道、皮肤损害和结膜感染，吸血昆虫也可传播病毒。病鸡和病死鸡的尸体是主要传染源，被污染的禽舍、场地、用具、饮水等也能成为传染源。病鸡卵内可带毒，孵化出壳后即死亡，患病鸡在潜伏期即可排毒，死亡率50%～100%。

2.临床症状　各种日龄的鸡都可发病，但易感性不同，最易感的是产蛋鸡群，其次为育成鸡，最后为雏鸡。发病早期，看不到鸡群有任何变化（采食、粪便、精神、蛋壳、产蛋率都正常），往往突然出现死亡，死亡快，死亡数量迅速增加（图5-25），死亡的鸡可见肿脸肿头、冠和肉垂发紫、脚鳞片紫红色出血等现象（图5-26）。发病中后期大群鸡精神不振，死亡率极高，一般7天死亡80%以上。如发病后误用新城疫冻干疫苗，鸡群的死亡将更快，死亡率更高。

图5-25 突然大量死亡

图5-26 脚部和趾部鳞片下出血

3.剖检病变 气管充血、出血甚至有黄白色坏死灶（图5-27）；腺胃乳头化脓性出血（图5-28）；肌胃内膜有出血斑；脂肪（图5-29）、肌肉点状出血；卵泡变形、破裂，腹腔内有新鲜的蛋黄液，输卵管内有白色分泌物。病程稍长的病死鸡，可见心肌内膜条状出血（图5-30），个别胰腺边缘呈现透明样坏死（图5-31）。

图5-27 喉头气管出血坏死

图5-28 腺胃乳头脓性
分泌物

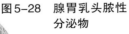

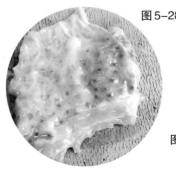

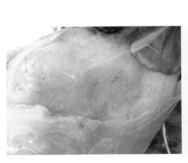

图5-29 腹部脂肪
点状出血

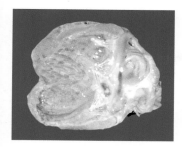

图5-30 心肌内膜出血

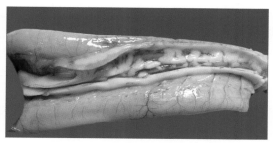

图5-31 胰脏边缘透明样坏死

4. 预防

（1）引种隔离与疫情处置 严禁从疫区引种和带入畜产品，一旦发现疫情要立即采取相应措施。禽流感病毒存在许多亚型，彼此之间缺乏明显的交叉保护作用，抗原性又极易变异，同一血清型的不同毒株，往往毒力也有很大的差异，这给防制该病带来了很大的困难。因此，必须提高警惕，不从有病地区引种和带入畜产品，加强检疫、隔离、消毒工作，对疫情严加监视。

在发现可疑疫情时迅速报告主管部门，尽快确诊，在确诊为高致病性禽流感后，应在上级部门的指导下，尽快划定疫区，及时采取果断有力的扑灭措施，将疫情控制在最小范围内。

（2）疫苗接种 我国已经成功研制出用于预防H5N1高致病性禽流感的疫苗（图5-32）。非疫区的养殖场应及时接种疫苗，从而达到预防禽流感的目的。

（3）高致病性禽流感推荐免疫方案 一旦发生疫情，必须对疫区周围5千米范围内的所有易感禽类实施疫苗紧急免疫接种。同时，在疫区周围建立免疫隔离带。疫苗接种只用于尚未感染高致病性禽流感病毒的健康禽群，种禽群和商品蛋禽群一般应进行2次以上免疫接种。免疫接种疫苗时，必须在兽医人员的指导下进行。

图5-32 高致病性禽流感疫苗

（4）2009年农业部高致病性禽流感的免疫接种参考程序 商品代肉

鸡7～10日龄时，用禽流感－新城疫重组二联活疫苗（rL－H5）初免；2周后，用禽流感－新城疫重组二联活疫苗（rL－H5）加强免疫一次。或者，7～14日龄时，用H_5N_1亚型禽流感灭活疫苗免疫一次。

（四）鸡传染性喉气管炎

1.流行特点　鸡传染性喉气管炎是由鸡传染性喉气管炎病毒引起鸡的一种急性呼吸道传染病。鸡是主要宿主，不同品种、性别、日龄的鸡均可感染该病，以育成鸡和成年产蛋鸡多发，并且多出现特征性症状。该病一年四季均可发生，多流行于秋、冬和春季。传染源是病鸡和病愈后的带毒鸡，主要通过呼吸道传染。

2.临床症状　该病可感染所有年龄的鸡，一般认为自然情况下雏鸡不易感染发病，14周龄以上的鸡最易感染。临床突出的症状是咳嗽、喷嚏、张嘴喘息，有呼吸啰音。严重的病鸡呼吸极度困难，表现为伸颈张口呼吸，同时发出喘鸣音，在频繁咳嗽的同时咳出带血的黏液，悬挂于笼具上。

3.剖检病变　病变主要在喉和气管。早期气管腔有大量黏液，喉和气管黏膜有针尖状小出血点，气管有血丝或血凝块（图5-33）；后期黏膜变性坏死，出现糜烂灶，并有黄白色豆腐渣样栓子阻塞喉头和气管。

图5-33　气管内有凝血块

4.防制

（1）预防　①由于该病的传染源主要是携带该病毒的鸡，所以未发病的鸡场，严禁引入来历不明的鸡或患病康复的鸡。平时应加强鸡舍及用具的消毒。②疫苗接种一般在该病流行地区或受威胁区进行接种。大多在4～7周龄首免，10～14周龄加强免疫。采用点眼或饮水方法，不得使用喷雾方法。免疫接种后3～4天可发生轻度的眼结膜反应或表现轻微的呼吸系统症状，此时可内服抗菌药物（如氨苄青霉素、阿莫西林或红霉素等），以防继发细菌感染。

（2）治疗　该病无有效的治疗药物。发生该病后，可用消毒剂每日进行1～2次消毒，以杀死鸡舍中的病毒，同时辅以阿米卡星、红霉素、庆大霉素等药物治疗，防止继发细菌感染。

（五）鸡马立克病

1.流行特点　马立克病是由马立克病病毒引起的淋巴细胞增生性传染病。鸡是马克病最重要的宿主，一般感染日龄越早，发病率越高，但发病率和死亡率差异较大，发病率为5%～80%。死亡率和淘汰率为10%～80%。　病鸡和隐性感染鸡是主要的传染源，呼吸道是病毒进入体内最重要的途径，该病通过垂直传播的可能性极小。

2.临床症状　感染鸡多在两个月开始表现出临床症状（注：雏鸡24小时内最易感染该病。但临床症状多在两个月后开始出现），3个月后最明显。神经型马立克病由于鸡的坐骨神经受到侵害，临床表现为一肢或两肢发生完全或不完全麻痹。特征是病鸡一只脚向前伸，另一只脚向后伸呈"劈叉"姿势（图5-34）。内脏型马立克病，临床主要表现为食欲减退、进行性消瘦、贫血及绿色下痢。

图5-34　神经型马立克病患鸡腿劈叉状

3.剖检病变　常见坐骨神经横纹消失，呈灰白色或黄白色水肿，有时呈局限性或弥漫性肿大，为正常的2～3倍；肿胀往往是单侧的，可与另一侧神经对照检查。临床常见的症状是病死鸡极度消瘦，剖检肝脏（图5-35）、脾脏、心脏（图5-36）、肾脏（图5-37）、卵巢（图5-38）等脏器发现有大小不等的灰白色结节状肿瘤病灶，腺胃壁增厚，腺体间或腺

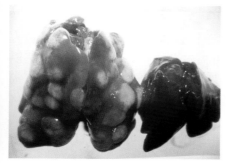

图5-35　肝脏肿瘤

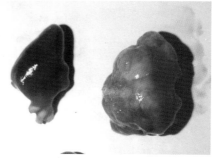

图5-36　心肌肿瘤

内有大小不等的突出于表面的肿瘤，病重的往往可见腺胃黏膜出血，腺胃乳头出血、融合，甚至形成溃疡（图5-39、图5-40）。

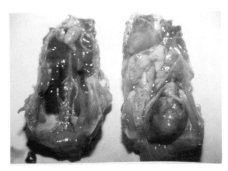

图5-37　后肾肿瘤

图5-38　卵巢肿瘤呈菜花样

图5-39　腺胃壁增厚乳头融合

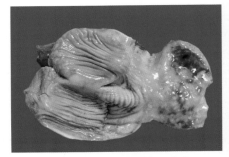

图5-40　腺胃肿胀出血溃疡

4.预防

（1）卫生防疫措施

1）孵化室消毒　在孵化前1周，应对孵化器及附件进行消毒，首先用清水洗净内部及附件，待晾干后，用福尔马林、高锰酸钾进行熏蒸消毒，每立方米用高锰酸钾7克、福尔马林14毫升、水7毫升，熏蒸时将福尔马林及水先倒入一个陶瓷容器中，然后迅速倒入高锰酸钾，关闭孵化器密闭10小时以上。

2）种蛋消毒　种蛋入库后，及时用福尔马林、水、高锰酸钾按以上方法熏蒸半小时。

3）初生雏鸡消毒　种蛋从孵化器转入出雏器后，用每立方米福尔马林7毫升、高锰酸钾3.5克、水3.5毫升，按以上方法熏蒸消毒30分钟。

4）育雏期的预防措施 雏舍及笼具在进雏前1周，进行彻底的卫生清扫和残留粪便清理，然后用一般的消毒液（尽量选择对笼具无腐蚀作用的消毒液）进行清洗，晾干后，按常规消毒。育雏期间定期进行雏舍环境消毒，饮水器应每天清洗1次；雏舍地面要经常清扫，每周用2%的火碱喷洒消毒1次。

（2）疫苗预防 由于1～30日龄雏鸡最容易感染马立克病病毒，所以疫苗接种必须在1日龄进行。

（六）禽流感（H9亚型）

1.流行特点 H9N2亚型禽流感，根据其临床病症等特点，又称为温和型禽流感，也是由A型正黏病毒引起的一种病毒性传染病。传播途径主要是易感禽直接与带毒排泄物接触，鸟与鸟、群与群接触，通过呼吸道及口、鼻传染；被污染的饲料、设备、工具、物品，人及机械携带病毒，野鸟、野鼠、苍蝇、节肢动物携带病毒均可间接传播。

2.临床症状 多发生在200～400日龄产蛋鸡。鸡群表现明显的呼吸道症状，有呼噜、咳嗽、伸颈喘和尖叫。大群鸡精神沉郁，拉黄绿色水样粪便，采食量下降10%～60%，产蛋下降10%～70%，经1周左右精神正常，但产蛋恢复极慢，并且出现大量的破蛋、软蛋和畸形蛋（图5-41）。死淘率一般在10%，少数鸡出现肿脸肿头、冠和肉垂发紫等现象（图5-42）。肉仔鸡发生禽流感H9N2时，极易与大肠杆菌病、新城疫出现并发和继发感染，死亡率较高，且药物治疗无效。

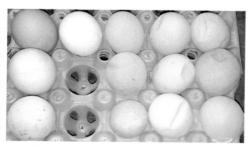

图5-41 病鸡产蛋量下降，褪色蛋、软壳蛋增多

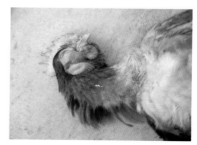

图5-42 头肿胀冠呈紫色

3.剖检病变　气管充血、出血；腺胃乳头化脓性出血（图5-43）；卵泡变形、破裂；输卵管内有白色分泌物（图5-44）。

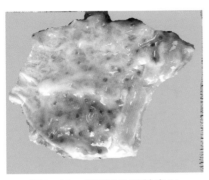

图5-43　腺胃乳头脓性出血

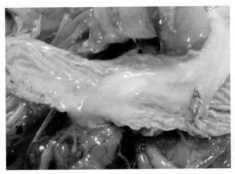

图5-44　输卵管脓性分泌物

4.防制

（1）预防

1）注重生物安全体系的建立　主要应做好以下工作：①避免水禽与鸡混养，因为我国禽流感（高致病性）有由鹅、鸭向鸡过渡的特殊情况。水禽带毒，排毒污染水源及周围环境很严重。②加强兽医卫生管理，养鸡场内外环境的隔离与消毒工作。③减少人员流动，对进出车辆、物品、饲料的通路，设置缓冲带，配备专用工具。④严防家禽流通市场对本场的污染。⑤防鸟、鼠的设施或措施到位。⑥废弃物，尤其是粪便要采取发酵等措施进行处理。⑦提高管理人员素质，加强培训，提高其预防疾病的意识。

2）疫苗接种　推荐免疫程序，第一次免疫在7～12天进行；第二次免疫18～20周龄进行。开产后根据鸡只血清抗体的情况进行免疫，注意血清抗体最好控制在6Log2以上。

（2）治疗　该病无有效的治疗方法，只能采取对症治疗，同时注意用抗菌素控制细菌继发感染。

（七）禽白血病

1.流行特点　禽白血病是由禽白血病/肉瘤病毒群中的病毒引起的禽类多种肿瘤性疾病的总称，其中以淋巴细胞白血病最为多发，其他的如骨髓细胞瘤病、血管瘤等，据报道，近年在我国多有发生。鸡是该病的自然宿主，常见于 4～10 月龄的鸡，年龄愈小，易感性愈高。一般母鸡对病毒的易感性高于公鸡，不同品种或品系的鸡对病毒感染发生的抵抗力差异很大。该病外源性传播方式有两种：通过母鸡到子代的垂直传播和通过直接接触从鸡到鸡的水平传播。垂直传播在流行病学上十分重要，因为它使感染从一代传到下一代，大多数鸡通过与先天感染鸡的密切接触获得感染。

2.临床症状 淋巴细胞性白血病的病鸡：日渐消瘦（图5-45），冠髯苍白，精神沉郁，食欲减退，产蛋停止。排浓绿色、黄白色下痢便。腹部膨大，走如企鹅。患血管瘤的鸡群：主要表现为出血和贫血，精神沉郁、食欲减退等，以散发为主。趾部的血管瘤容易发现，呈绿豆或黄豆大小的血管瘤（图5-46），暗红色，自行破裂后出血不

图5-45 患鸡日渐消瘦

止到死亡（图5-47）。患 J－亚型白血病的鸡群：除表现精神差，食欲差，体况较弱外，鸡群死亡率常在开产后（18～22周龄）不断升高。

图5-46 脚趾部血管瘤

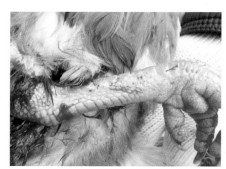

图5-47 血液从破裂的血管瘤中喷涌而出

3.剖检病变 淋巴细胞性白血病的病鸡：患病4个月后，可见肿瘤，肝、脾病变最为广泛，肿瘤的大小和数量差异很大。其他器官如肾、肺、

性腺、心脏也常见肿瘤。

患 J - 亚型白血病死亡的鸡：肝、脾肿大，肿瘤结节多表现为弥漫性细小的白色结节（图5-48、图5-49）；胸骨内侧有数量不等的白色肿瘤结节（图5-50）；法氏囊皱褶肿大、坚实，有凹凸不平的白色肿块，切开时中心坏死，内有豆腐渣样物。肠浆膜面有串珠状白色结节（图5-51）。

图5-48　肝肿大弥漫性肿瘤结节及出血灶

图5-49　脾脏弥漫性肿瘤

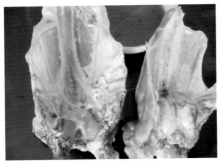

图5-50　胸骨内表面肿瘤（右）

图5-51　肠浆膜面串珠状白色结节

4.防制

（1）预防　关键在于减少种鸡群的感染率和建立无白血病的种鸡群，进而达到净化鸡群的目的。目前，进行鸡群净化的通常做法是通过检测和淘汰带毒母鸡以减少感染。多数情况下，应用此方法可奏效，因为刚出雏的小鸡对接触感染最敏感，每批之间孵化器、出雏器、育雏室应彻底清扫消毒，有助于减少来自先天的感染。

（2）治疗　针对已经发病的鸡群，可在饮水中增加抗菌药和抗病毒提高免疫力的药物，以防止其继发感染，加入大量电解多维、维生素C以提高鸡只体质。另外，还可以添加保肝护肾的药物，用于缓解肝脏和肾脏的负担。

（八）鸡大肠杆菌病

1.流行特点　鸡大肠杆菌病是由致病性大肠杆菌引起的一种原发或继发性传染病。青年鸡以出现急性败血症多见，产蛋鸡以卵黄性腹膜炎、输卵管炎居多。大肠杆菌在自然界广泛存在，特别是畜禽肠道中大量存在，有多个致病性血清型。病鸡和带菌鸡是主要传染来源，传播途径主要有垂直传播即经卵传播，有卵内感染和卵外感染两种方式。

2.临床症状　6～10周龄蛋鸡和肉种鸡的急性败血型，以冬季寒冷季节多发，临床常见有呼吸器症状即张嘴呼吸，但无颜面浮肿和流鼻汁症状；有的精神沉郁，嗜睡，厌食，排黄、白稀粪，消瘦。患病的产蛋鸡临床主要表现为精神沉郁、眼凹陷，食欲减少或废绝，腹泻，肛门周围的羽毛粘有黄白色恶臭的排泄物。

3.剖检病变　急性败血性病死鸡往往营养良好，有时无明显解剖病变。纤维素性心包炎和肝周炎为特征病变，即心包膜混浊增厚，心包液内有纤维素性渗出（图5-52），液体逐渐减少，最后心包膜与心脏粘连不易分离。肝包膜炎，肿大，包膜肥厚、混浊、纤维素沉着（图5-53）。产蛋鸡腹腔内有纤维素性渗出物。剖检可见腹腔积有大量卵黄凝固物，形成广泛的腹膜炎（图5-54），造成脏器和肠管互相粘连，散发出恶臭气味。卵泡出血、变形、萎缩（图5-55），输卵管内有大量黄色絮状或块。

图5-52　纤维素性心包炎

图5-53　肝脏表面黄色纤维素性渗出物

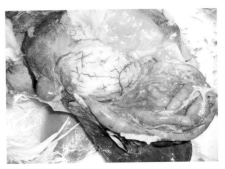

图5-54 卵黄性腹膜炎

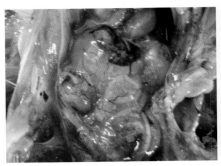

图5-55 卵泡出血变形

4.防制

（1）预防

1）切断传染源 做好种蛋、孵化器的消毒工作，防止种蛋带菌传播。鼠粪是致病性大肠杆菌的主要来源，应经常注意灭鼠，有条件的单位或个人应对饲料原料尤其是鱼粉进行大肠杆菌的定量分析，防止饲料致病菌超标而引起感染。

2）接种疫苗 目前市场上有大肠杆菌灭活疫苗销售，但效果不尽如人意，主要原因是市售疫苗中大肠杆菌的血清型和发病场大肠杆菌血清型不符或含量不足。有条件的鸡场，可以用本场或本地分离的大肠杆菌做成灭活疫苗，进行免疫接种。

（2）治疗 ①诺氟沙星按0.02%～0.04%的比例拌入饲料中，或在饮水中加入0.01%～0.02%，连续喂7天。②土霉素，按0.2%的比例拌入饲料中喂服，连喂3～4天。③卡那霉素，肌内注射，每千克体重30～40毫克，每天1次，连用3天。④链霉素注射液，肌内注射，每千克体重7.5万单位，每天1次，连用3天。⑤庆大霉素，饮水，每只2 000～4 000单位，每天2次，1小时内饮完，病重的用滴管灌服，疗程7天。

（九）传染性支气管炎

1.流行特点 鸡传染性支气管炎是由冠状病毒科鸡传染性支气管炎病毒引起的鸡急性、高度接触性的呼吸道和泌尿生殖道疾病。鸡是传染病毒的自然宿主，各种龄期的鸡均易感，其中以雏鸡和产蛋鸡发病较多，肾型传染性支气管炎多发生于20～50日龄的幼鸡。该病一年四季均流行，但以冬春寒冷季节最为严重。感染后的病鸡主要通过呼吸道和泄殖腔等途径向外界排毒，成为该病主要的传染源。而被污染的飞沫、尘埃、饮水、饲料和垫料等则是最常见的传播媒介。

2.临床症状　肾型传染性支气管炎，可发生于各日龄的鸡，但以雏鸡常见。病初少数鸡精神不振，随着病情的发展相当数量的鸡食欲下降，饮水增加；肛门周围有白色粪便粘染；羽毛干燥无光泽。由于该病常和呼吸性传染性支气管炎并发，所以临床在出现以上症状的同时，部分鸡还表现有咳嗽、呼吸困难等症状。

呼吸型传染性支气管炎，主要侵害1月龄以内的雏鸡。鸡群中突然出现有呼吸道症状的病鸡，并迅速传遍全群。病鸡主要表现为张嘴呼吸、伸颈、打喷嚏、气管啰音偶有特殊的怪叫声，在夜间听得更明显。

3.剖检病变　肾型传染性支气管炎的主要表现为肾脏肿大、色淡、呈槟榔样（图5-56），输尿管常被白色尿酸盐阻塞。

呼吸型传染性支气管炎的病死鸡，可见气管黏膜充血水肿，尤其是在气管的下1/3，管内有多量透明的黏液；有时可见气管与支气管交接处有黄色干酪样阻塞物。病程稍长的病鸡还出现气囊混浊，肺脏淤血。

图5-56　花斑样肾脏

4.防制

（1）预防　严禁从污染区购买雏鸡。加强雏舍的管理，防止鸡只受寒，降低饲料中的粗蛋白质含量，注意通风。可给鸡只接种疫苗，我国现行使用的疫苗有弱毒活疫苗（如H120、H52），还有与鸡新城疫混合而成的二联弱毒冻干疫苗（如鸡新城疫Ⅳ系+传染性支气管炎的H120、鸡新城疫Ⅳ系+传染性支气管炎的H52），和油剂灭活疫苗。值得注意的是，H120因免疫原性较弱，所以适用于初生雏鸡，但其免疫期短。H52毒力强，适用于1月龄以上的鸡。应根据当地的疫病流行情况及鸡场实际制定科学合理的免疫程序，但原则上一般在4～10日龄用H120滴鼻首免，25～30日龄用H52滴鼻加强免疫，蛋鸡同时使用一次油乳剂灭活疫苗注射，以后每2个月用一次冻干疫苗。蛋鸡在120天左右再用一次油乳剂灭活疫苗。

由于使用弱毒冻干疫苗对鸡新城疫疫苗的免疫有干扰，所以鸡新城疫免疫和传染性支气管炎免疫至少间隔10天。

（2）**治疗** 该病目前还没有有效的治疗药物。对于呼吸型传染性支气管炎，除对症治疗外，还应添加抗生素，以预防继发细菌感染减少死亡；对于肾型传染性支气管炎，应配合使用肾肿解毒药。

（十）鸡球虫病

1.流行特点 鸡球虫病是由艾美耳属的9种球虫寄生于鸡的肠道黏膜上皮细胞内引起的一种急性流行性原虫病。该病以湿热多雨的夏季多发，主要发生于3个月以内的幼鸡。其中，以2～7周龄的鸡最易感，10日龄以内的雏鸡少发，1月龄左右的鸡多患盲肠球虫病，2月龄以上的鸡多患小肠球虫病。鸡感染球虫的途径主要是鸡吃了感染性卵囊。卵囊随粪便排出，污染的饲料、饮水、土壤、运输工具、饲养人员、昆虫等都可成为该病传播流行的媒介，病鸡、康复鸡因可不断排出卵囊，是该病传播的重要传染源。

2.临床症状 临床症状按病程长短可分为急性型和慢性型。实际生产中急性型易被发现：盲肠球虫主要发生于1月龄左右的散养鸡，由柔嫩艾美耳球虫感染引起，患鸡闭眼、呆立，排出带有血液的稀粪（图5-57），行动迟缓，常呆立角落呈假睡状，死亡率可达70%。小肠球虫主要由毒害艾美耳球虫感染引起，感染4～5天，鸡突然排出带黏

图5-57　西红柿样粪便

液的血便，其他临床症状与盲肠球虫相同。巨型艾美耳球虫病常见于日龄较大的鸡，严重感染时，鸡只黏膜苍白、羽毛粗乱无光泽、厌食。

3.剖检病变 盲肠球虫可见两侧盲肠显著肿胀，外观呈暗红色，浆膜面有针尖大到小米粒大的白色斑点或散在的小红点（图5-58）。盲肠腔充满暗红色的血凝块（图5-59）或黄白色干酪样物质，肠壁肥厚，黏膜

面糜烂。小肠球虫可见患病小肠黏膜上有无数粟粒大的出血点和灰白色坏死灶，小肠大量出血，有大量干酪样物质，小肠变粗。巨型艾美耳球虫病，严重感染时，小肠中段肿胀，浆膜面可见到针尖大小的出血点（图5-60）。肠黏膜显著增厚，肠腔内含粉红色黏液。

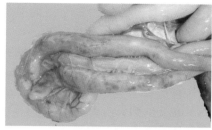

图5-58　两侧盲肠肿胀，肠浆膜有大量出血点

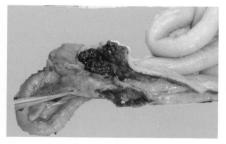

图5-59　肠管内有大量暗红色血液或血凝块

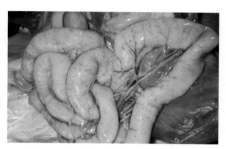

图5-60　小肠球虫肠浆膜出血点

4.防制

（1）**预防**　①保持清洁卫生，加强环境消毒。②严格搞好饲料及饮水卫生管理，防止粪便污染，及时清除粪便，并堆放发酵以杀灭卵囊，清洗笼具、饲槽和水具等是预防雏鸡球虫病的关键。圈舍、食具、用具用20%石灰水或30%的草木灰水或百毒杀消毒液（按说明用量兑水）泼洒或喷洒消毒。保持适宜的温、湿度和饲养密度。③对于实行地面平养的鸡尤其是肉鸡，必须用治疗性药物进行预防：即自鸡15日龄起，连续预防用药30～45天，为了防止球虫对药物产生抗药性，必须交替使用或联合使用数种抗球虫药。④对于笼养鸡，预防用药也是自鸡15日龄起，连续用药7～10天；开产前一个月同样用药7天。⑤疫苗预防，常发球虫病有特异性的疫苗，最好是多价球虫疫苗。⑥加强营养，尽可能多的补充维生素A和维生素K以增强机体免疫能力，提高抗体水平。

（2）**治疗**　对鸡球虫病的防治主要是依靠药物，经常使用的抗球虫药，有以下几种：①氯苯胍：预防按每千克饲料30～33毫克混饲，连用

1～2个月，治疗按每千克饲料60～66毫克混饲，连用3～7天，后改预防量予以控制。②鸡宝20，每50千克饮水加本品30克，连用5～7天，然后改为每100千克饮水加本品30克，连用1～2周。③10%盐霉素钠。每100千克饲料用5～7克拌料投喂，连用3～5天。④可爱丹：混饲预防浓度为每千克饲料125～150毫克，治疗量加倍。⑤磺胺二甲氧嘧啶。每100千克饲料拌药50克，连用3天，停3天再用3天（预防剂量减半）。⑥青霉素按每千克体重2万～3万单位配合维生素K_3针剂0.2毫克混合肌内注射，每天1次，连用3天。

（十一）鸡支原体病

1.流行特点　鸡支原体病的病原是鸡败血支原体和滑液囊支原体。鸡支原体的自然感染发生于鸡和火鸡，尤以4～8周龄雏鸡最易感。病鸡和隐性感染鸡是该病的传染源。往往通过飞沫或尘埃经呼吸道吸入而传染。但经蛋传染常是此病代代相传的主要原因，在感染公鸡的精液中，也发现有病原体存在，因此配种也可能发生传染。

该病一年四季均可发生，但以寒冬及早春最严重，一般该病在鸡群中传播较为缓慢，但在新发病的鸡群中传播较快。一般发病率高，死亡率低。

2.临床症状　鸡发生败血性支原体时，典型症状主要表现为初期很少见到流鼻液，鼻孔周围附着有饲料，只有挤压鼻孔上部鼻翼时可见鼻汁；鼻汁和污物混合堵塞鼻孔时，因妨碍呼吸，临床可见鸡频频摇头；如若引起鼻甲骨或气管黏膜炎症，黏液量增加致使呼吸困难，临床表现为张口呼吸、喷嚏、咳嗽和呼吸啰音，注意以上呼吸器异常音，白天由于噪音常难分辨，夜间鸡群安定后容易听到；有的病鸡开始时眼睛湿润继而流泪，逐渐出现眼睑肿胀，这样随着时间的推移眶下窦中蓄积物的水分渐渐被吸收呈干酪样，大量干酪物压迫眼球，使病鸡上下眼睑粘合凸出成球状（图5-61）。滑液囊支原体可见患鸡跗关节和趾关节

图5-61　眼流泪肿胀

肿大、发热，不能站立（图5-62），关节囊内充满灰色脓性渗出物，腿部或翅部的腱鞘发炎肿大（图5-63）。患鸡精神沉郁，生长缓慢，常因饥饿和同群鸡踩踏而死亡。

图5-62　跗关节肿大不能站立

图5-63　跗关节周围滑液囊肿大

　　3.剖检病变　　切开病鸡肿胀的眼睛，可挤出黄色干酪物凝块；呼吸器症状明显的病鸡，特征性的解剖病变有：胸腹气囊灰色混浊、肥厚"呈白色塑料布样"，有的气囊内有黏稠渗出物或黄白色干酪样物；鼻黏膜水肿、充血、肥厚，窦腔内存有黏液和干酪样渗出物。

　　4.防制

　　（1）预防　　支原体是最常见，也是最难根除的疫病，因为该病可以经蛋垂直传播，也可水平传播，可以单独发生，也可以并发或继发于其他疾病。　①引进健康雏鸡时，要选择无支原体污染的种鸡场。②鸡舍和用具在入雏前按消毒规定彻底清洗消毒，以每个鸡舍为一个隔离单位，保持严格的清洁卫生。③以每个鸡舍或一个鸡场为一个隔离单位，采用"全进全出"制度。④从1日龄起，执行周密的用药计划，每逢免疫接种疫苗后3～5天内用金霉素、泰乐菌素、红霉素等药物中的一种，以预防和抑制支原体的发生。

　　（2）治疗　①强力霉素：0.01%～0.02%混入饲料，连服3～5天。②红霉素：0.01%混水饮用，连喂3～5天。③泰乐菌素：0.5克/升混水饮用，连喂5～7天。④蒽诺沙星：每50千克水中加入3～4克饮水，一天2次，连喂5～7天。⑤复方禽菌灵散剂：按0.6%混入饲料，连服2～3天，片剂每千克体重0.6克，每天2次，连服2～3天，预防量减半，每15天1次。

（十二）鸡曲霉菌病

1. 流行特点　禽曲霉菌病是由曲霉菌引起的鸡、鸭、鹅、火鸡、鸽等禽类的一种真菌病。主要的病原体为烟曲霉（图5-64）。多见于雏鸡。

图5-64　烟曲霉菌菌落形态

曲霉菌的孢子广泛分布于自然界内，禽类常因接触发霉饲料和垫料经呼吸道或消化道而感染。各种禽类都有易感性，以幼禽的易感性最高，常为急性和群发性，成年禽为慢性和散发。曲霉菌孢子易穿过蛋壳而引起死胚，或雏鸡出壳后不久出现症状。孵化室严重污染时新生雏可受到感染，几天后大多数出现症状，1个月基本停止死亡。阴暗潮湿的鸡舍和不洁的育雏器及其他用具、梅雨季节、空气污浊等均能使曲霉菌增殖而引起该病发生。

2. 临床症状　雏鸡对烟曲霉菌非常敏感，常呈急性暴发。出壳后的雏鸡在进入被曲霉菌污染的育雏室后48小时，即可开始发病死亡，4～7日龄是发病的高峰阶段，以后逐渐较少一直持续到1个月龄。

病鸡病初精神不振，食欲减退，饮水量增加，羽毛蓬乱，对外界反应淡漠，接着病雏张口吸气，气管啰音，打喷嚏，很快消瘦，精神委顿、拒食，闭目昏睡，最后窒息死亡。眼睛受感染的雏鸡，可见结膜充血肿胀，眼睑下有干酪样凝块。

3. 剖检病变　急性死亡的幼雏，一般看不到明显的病变。时间稍长的病例，特征病变是肺、胸腔、气囊等脏器，有灰白色或黄白色粟粒大至黄豆大的结节（图5-65），有的结节呈绿色圆盘状。

4. 防制

（1）预防　该病的关键是不

图5-65　气囊黄色干酪物

使用发霉的垫料和饲料，垫料要经常翻晒，妥善保存，尤其是阴雨季节，防止霉菌生长繁殖。种蛋、孵化器及孵化厅均按卫生要求进行严格消毒。

育雏室应注意通风换气和卫生消毒，保持室内干燥、清洁。长期被烟曲霉污染的育雏室，土壤、尘埃中含有大量孢子，雏禽进入之前应彻底清扫、换土和消毒。

（2）**治疗** ①制霉菌素：100只鸡一次用50万单位，每天2次，连用2天。②克霉唑：内服，千克体重20毫克计算，每天3次，连用5～7天。③1：2 000至1：3 000硫酸铜溶液或0.5%～1%碘化钾溶液饮水，连用3～5天。

（十三）鸡坏死性肠炎

1.流行特点 鸡坏死性肠炎是由魏氏梭菌引起的一种传染病。鸡对该病易感，尤以1～4月龄的蛋雏鸡、3～6周龄的肉仔鸡多发。该病的病原菌广泛存在于自然环境中，主要存在于粪便、土壤、灰尘、被污染的饲料和垫料以及肠道内容物中。传播途径以消化道为主。一般多为散发。

2.临床症状 多发生于2～5周龄平养的雏鸡，病鸡精神委顿，食欲减退或消失，羽毛蓬乱，腹泻，粪便呈黑褐色，混有血液。

3.剖检病变 主要在小肠，尤其是空肠和回肠，肠管肿胀呈灰黑色或污黑绿色（图5-66），肠壁菲薄，肠黏膜脱落（图5-67），形成假膜，肠内容物呈血样乃至煤焦油样，充满气体；肝、脾肿大出血，有的肝表面散在着灰黄色坏死灶。

图5-66 小肠充气，肠浆膜呈灰蓝色

图5-67 肠壁菲薄黏膜脱落

4.防制

（1）**预防**　加强鸡群的饲养管理，不喂发霉变质的饲料；搞好鸡舍的清洁卫生和消毒工作；对地面平养的鸡群搞好球虫病的预防。

（2）**治疗**　青霉素G雏鸡饮水，每天每只2 000单位，1～2小时饮完，连用4～5天。

第六章 肉鸡的生产经营管理

一、肉鸡场的生产计划

肉鸡养殖场应根据市场变化和本场的具体条件，制定切实可行的生产计划并付诸实施。

（一）市场预测

通过与国内业界人士、鸡苗提供场商、网络查询等方式及时了解政策动态，国内外饲料原料价格、肉鸡产品市场价格动态、销售渠道等进行充分调查研究和预测。在此基础上，进行生产计划安排。

（二）生产计划

根据本场容量、生产、技术、资金条件，制定出合适的鸡群周转计划。安排养殖规模与进鸡时间。

1.根据鸡群周转计划

（1）**与鸡苗提供商签订供应合同**　提供商必须具有政府主管部门颁发的种畜禽生产经营许可证、技术力量强、没发生严重疫情、信誉度高。这些种鸡场种鸡来源清楚，饲养管理严格，雏鸡质量和数量、时间安排都有一定的保证。

（2）**与成鸡销售商签订销售合同**　肉鸡尤其是快速肉鸡批量生产，如果超过合理上市时间，饲料转化率会显著降低；安排的免疫保护期过期，鸡只死淘增加，将会严重影响经济效益。所以肉鸡按时出售上市非常重要。

（3）与饲料或饲料原料供应商签订供应合同　饲料是养鸡生产成败的物质条件之一，饲料的质量和价格直接制约着养鸡生产，只有高品质的饲料和最低的饲料价格，养鸡场才能取得理想的经济效益。若养鸡场的饲料来源于饲料厂，则可根据鸡群各阶段的需要购进全价饲料。每次购买量最好不要超过5天的用量。

2.生产计划具体内容　包括生产规模、引进品种、生产技术指标、雏鸡的来源、年生产批数、每批进鸡数量与时间，饲料消耗、垫料的数量，免疫、用药计划、出售时预期价格，配备饲养员等。

（三）生产指标

养鸡场要根据当地具体情况和条件，制定出全年的生产指标。生产指标是制订生产计划的依据。主要生产指标为成活率、上市体重、饲料转化率。

二、肉鸡场的经营管理

（一）制度管理

现代肉鸡养殖技术含量高，许多技术要求严格，所以制度管理非常重要。卫生防疫、饲养管理等制度为肉鸡养殖工作人员的工作行为准则，技术措施制定得再好若不能实现也没有任何意义，只有严格执行各项制度才有可能取得好的生产成绩和高的经济效益。

（二）档案管理

在生产中形成的生产数据资料、技术数据资料是鸡场的宝贵财富，通过资料分析，可以准确地分析以往的工作经验和教训，更加准确地指导以后的生产。当地环境条件（如流行病学、气候等）、人文习惯、生产技术状态与肉鸡养殖生产流程与成绩紧密相关。正确、详细的记录与存档，不仅可以使饲养员准确地掌握鸡只生长情况，还便于管理人员监督调整。同时，还可作为以后改进工作的参考资料，促进形成适合于本场的生产技术体系。

生产记录档案包括品种、雏鸡来源、进雏日期、进雏数量、饲养员。

生长日志：包括日期、肉鸡日龄、死亡数、死亡原因、存栏数、温度、湿度、免疫记录、消毒记录、用药记录，喂料量、鸡群健康状况、出售日期、数量（包括只数、总重）。生长日志可用于以后不同品种间生产性能比较，饲养员筛选，成本与产出计算、饲养管理制度调整等。如建立用药档案则可以方便地计算成本；记录药物敏感度、用药量、有没有抗药性、有没有药物残留。要明确记录兽药的出厂日期、生产厂家、包装规格、含量、使用方法、投喂日期和投喂时间及投喂效果。再如疫病档案记录发病时间、舍号、发病数量、发病率、发病特征、死亡数量、诊断方法、用药情况、用药过程、用药反应、用药来源、用药量和用药时间、临诊人员诊断结果、病原体特性、消灭措施及处理结果和转归日期。可通过疫病档案总结疫病防控经验，确定以后疫病预防重点病种和区域。

生产档案至少保存2年。

（三）人员管理

肉鸡养殖影响环节较多，且某些影响不在当时显现，难以用指标量化考量。鸡又是活的动物，工作人员工作时间弹性大。因此人员管理以采用模糊管理和人性化管理为主，使企业的每个员工，从最上层到最低层，各得其所，各尽其才，最大限度地发挥每个人的才能，并使每个人的才能全部朝着有利于达到鸡场所制定的目标方向发展。

附录1 肉鸡养殖场卫生防疫管理制度（参考）

一、生活区的卫生防疫制度

（1）未经场长允许，非本场员工不能进入鸡场。允许进入的人员必须经消毒走廊才能进入。

（2）任何人不得携带禽类及其产品进场。

（3）保卫负责每两天更换一次大门口消毒池的消毒水。

（4）生活区公共区域每天由杂工清扫，并定期进行灭蚊、蝇工作。

二、生产区的卫生防疫制度

（1）非本场员工未经允许不得进入生产区。

（2）谢绝参观。有必要参观的人员，经场长以上领导同意后，在消毒室更换参观服、帽、鞋，经消毒池方可进入。参观服等由仓库管理员负责清洗消毒并保管。

（3）饲养员进入鸡舍必须更换指定的工作服、帽、水鞋，经门口消毒池方可进入。每天工作结束后，各自工作服必须清洗干净。

（4）生产区内各主要通道必须保持整洁卫生，严禁有饲料洒落。

每月使用3%的烧碱溶液进行消毒1～2次。

三、鸡舍内外的卫生消毒

（1）保持鸡舍整洁干净，工具、饲料等堆放整齐。水箱、过滤杯、板车要每天清洗干净。

（2）每天上午上班时需第一时间更换门口消毒池的消毒水，人员进入及离开本舍区时，必须脚踏消毒池。

（3）每周逢周三、周五进行鸡舍内带鸡消毒，带鸡消毒时要按规定稀释和使用消毒剂，确保消毒的效果。

（4）每周对鸡舍周围环境喷洒消毒1次，同时对鸡舍内外大扫除。

（5）鸡粪要按规定堆放在指定的鸡粪池，定期施洒生石灰消毒鸡粪池。

附录 2 禁用药物与药物禁用期

一、饲养期禁用药物

（1）乙烯雌酚及其衍生物，二苯乙烯类：如乙烯雌酚。

（2）甲状腺抑制剂类：如甲硫咪唑。

（3）类固醇激素类：如雌二醇、睾酮、孕激素。

（4）二羟基苯甲酸内酯类：如玉米赤霉醇。

（5）β－肾上腺激动剂：如克伦特罗、沙丁胺醇、喜马特罗、特布他林、拉克多巴胺。

（6）氨基甲酸酯类：如甲萘威。

（7）抗菌素类：二甲基咪唑、呋喃唑酮、甲硝唑、洛硝达唑、氯霉素、泰乐菌素、杆菌肽。

（8）其他类：氯丙嗪、秋水仙碱、氨倍砜、二氯二甲吡啶酚、磺胺喹恶啉。

二、宰前 30 天禁用药物

土霉素、金霉素、四环素

三、宰前 21 天禁用药物

复方磺胺嘧啶、磺胺二甲嘧啶、磺胺 2.6－二甲氧嘧啶

四、宰前 14 天禁用药物

青霉素、庆大霉素、胺卡那霉素、新霉素、杆菌素、阿莫西林、氨苄西林、新生霉素

五、宰前 10 天禁用药物

诺佛沙星、恩诺沙星、达佛沙星

六、宰前7天禁用药物

卡那霉素、盐霉素、莫菌素、红霉素、林可霉素、壮观霉素、马杜拉霉素、脱氧土霉素、乙氧酰胺奔甲酯、潮霉素B、安普霉素、赛杜霉素钠

七、宰前5天禁用药物

越霉素A、拉沙洛菌素

北京爱拔益加家禽育种有限公司.AA+肉鸡饲养管理手册.

北京大风家禽育种有限公司.罗斯308饲养管理手册.

北京家禽育种公司.科宝肉鸡饲养管理手册.

丁馥香.2011.肉鸡标准化生产技术彩色图示.太原：山西经济出版社.

丁馥香.2012.图说肉鸡养殖新技术.北京：中国农业科学技术出版社.

张秀美.2008.肉鸡健康养殖.济南：山东科学技术出版社.

图书在版编目（CIP）数据

图说如何安全高效饲养肉鸡/李根银主编 . —北京：
中国农业出版社，2015.1
（高效饲养新技术彩色图说系列）
ISBN 978-7-109-19924-8

Ⅰ．①图… Ⅱ．①李… Ⅲ．①肉用鸡-饲养管理-图
解 Ⅳ．①S831.4-64

中国版本图书馆CIP数据核字（2014）第294924号

中国农业出版社出版
（北京市朝阳区麦子店街18号楼）
（邮政编码 100125）
责任编辑 郭永立

中国农业出版社印刷厂印刷　　新华书店北京发行所发行
2015年6月第1版　　2015年6月北京第1次印刷

开本：889mm×1194mm 1/32　印张：4.125
字数：120千字
定价：34.00元
（凡本版图书出现印刷、装订错误，请向出版社发行部调换）